U0295424

万物简史译丛

【日】森郁夫 著
太文慧 高在学 译

上海交通大学出版社
SHANGHAI JIAO TONG UNIVERSITY PRESS

内容提要

本书是"万物简史译丛"之一。到访过日本的人,大多会对传统的日本式建筑留有印象。即使在城市里,也随处可以见到独门独院的庭园建筑,高高的围墙以及带有诸如鸱尾、狮子口、雁振、鸟衾等特殊装饰物的各种瓦葺房顶等,无不在高楼林立、喧嚣繁华的现代城市中,增添了一幅恬静的独特风景,给人们留下了无限的遐想。书中配有精美的图片将近300幅,古色古香,别具一格。

MONO TO NINGEN NO BUNKASHI - KAWARA
by MORI Ikuo
Copyright 2001 by MORI Ikuo
All rights reserved.
Originally published in Japan by HOSEI UNIVERSITY PRESS, Japan.
Chinese (in simplified character only) translation rights arranged with
HOSEI UNIVERSITY PRESS, Japan
through THE SAKAI AGENCY and BARDON-CHINESE MEDIA AGENCY

上海市版权局著作权合同登记号:图字:09-2013-912

图书在版编目(CIP)数据

瓦/(日)森郁夫著;太文慧,高在学译. —上海:
上海交通大学出版社,2014
(万物简史译丛/王升远主编)
ISBN 978-7-313-11646-8

Ⅰ.①瓦… Ⅱ.①森… ②太… ③高… Ⅲ.①瓦—比较文化—中国、韩国、日本 Ⅳ.①TU522

中国版本图书馆CIP数据核字(2014)第134683号

瓦

著　　者:〔日〕森郁夫　　　　　　　　译　　者:太文慧　高在学
出版发行:上海交通大学出版社　　　　地　　址:上海市番禺路951号
邮政编码:200030　　　　　　　　　　电　　话:021-64071208
出 版 人:韩建民
印　　制:浙江云广印业股份有限公司　经　　销:全国新华书店
开　　本:880mm×1230mm　1/32　　印　　张:9
字　　数:206千字
版　　次:2015年1月第1版　　　　　　印　　次:2015年1月第1次印刷
书　　号:ISBN 978-7-313-11646-8/TU
定　　价:39.00元

目　录

序　言

虽然一排排铺有黑瓦的房屋现在已经成为日本的特色景观，但是，人们对于瓦的评价却褒贬不一。在阪神、淡路大地震中，有很多有关民间瓦房倒塌严重的宣传。此外，还有台风吹落瓦片导致人员受伤的报道。诸如此类不考虑建筑物的构造与铺设方法，就把所有的责任都归罪于瓦的做法，实在是有失公平。不仅如此，就连与瓦相关的熟语也大都带有贬义。首当其冲的"瓦砾"，就经常被比喻为没有价值的东西。在汉和词典中，只要翻一下"瓦"字的话，就会看到很多类似的词汇，在此简单作一介绍：

"瓦解"：事物很容易溃散。

"瓦鸡"：比喻徒有其表，没有实际用途。

"瓦全"：瓦全、苟活。

"瓦釜雷鸣"：不值得一提的事情却被大肆渲染，比喻庸人煊赫一时。

以上无论哪一个词汇所表达的意思都令人不敢恭维。可是话说回来，如果瓦在生活中果真一无是处，人们大概也就不会在一千四百年的时间里，坚持不懈地进行瓦的制造与生产。产生于古代高超技术条件下的瓦,迄今为止,仍然被人们广泛应用于房顶的铺设。因此可以说,人类的居住条件是通过瓦的发明与改良而不断得以完善与改进的。

本书分为两部分,第一部分叙述了概括性的理论内容,第二部分则介绍了古代的瓦的情况。近年来,关于瓦的研究,如火如荼、有声有色。本书虽说并不只局限于古代的瓦,但是由于已经发掘出土的古代瓦的数量实在庞大,实难在一本书中对古代瓦的情况进行详尽叙述。更何况要把有关中世、近世的瓦都归结其中叙述,更是难上加难。因此,本书的第一部分分为两章,在第一章中叙述了瓦的种类及其历史名称;在第二章中介绍了中国大陆、朝鲜半岛的瓦的概况,以及从古代到近世为止的日本瓦的大致演变。第二部分又分为四章,阐述了关于古代瓦的几个问题。在第一章中,结合最近的发掘调查结果,介绍了古代瓦的生产经过。在第二章中,叙述了装饰寺院与宫殿屋檐的瓦,以及相关纹样与瓦当范的几个问题。从古至今,人们一直喜欢在瓦上刻字,而写在古代瓦上的文字内容,对于极度缺乏古代瓦生产相关资料的现状来说,真可谓是无价之宝。因此,在第三章叙述了关于文字瓦的几个事项。在第四章,叙述了通过瓦所反映的古代寺院的兴建背景,以及有关瓦生产的实际情况。在这一部分,以多个寺院之间的同范品为中心,尽量以更多的资料为依据,叙述了其产生的具体背景。

本书的大体结构如上所述,有关制作的技术问题,分别在各部分进行了简单叙述。关于瓦的制作技术,例如关于筒瓦与板瓦的内容,都有相关的优秀论文[1]。发掘调查报告书中也有很多详细的叙述,单单是制作技术就可以写成一本书。因此,关于制作的技术问题,暂且搁置伺机成熟再作详细介绍。

---

1. 佐原真 "平瓦桶卷制作"(《考古学杂志》58—2,30页,1972年)。

大胁洁 "研究笔记 筒瓦的精查记技术"(奈良国立文化遗产研究所《研究论集》IX,1页,1991年)。

壹

瓦的效用与历史

第一章
瓦的效用

瓦大约出现于 3 000 多年前，之所以一直被人们使用于建筑物的房顶，是因为它在建筑物免受雨水的侵袭方面发挥着重大作用。随着文化的发展，形式多样的建筑物层出不穷，房屋构造愈发复杂，瓦的种类也日趋丰富多彩。自从大约 1 400 年前，制瓦技术传入日本以来，瓦的制作与生产延续至今，其中凝聚了无数的智慧与创意。只要仰望一下房顶，随处都能看到凝聚各种创意的瓦。在经常下雪的地区，一般会使用铺葺两三排稍微突起，或者环状突起的瓦的方法来抵御风雪侵袭。另外，在雪量多的地区，也会有使用五六排以上瓦的情况，这也是一种使用瓦的创意。在带有多层屋檐的建筑物中，为了减缓上层落下的雨水的冲击，会在下层屋檐雨水落下的地方并排铺葺三层瓦作为滴水瓦（檐溜瓦）。除此之外，还有为了不让强风吹跑房瓦，利用在接缝处涂抹石灰对瓦进行固定的巧妙方法等，都可谓是创意的一种。在大多数地区，都会在垂脊的后端使用涂抹石灰进行固定的方法，但是根据地域的不同，有些地区会在该处放置一个留盖式的瓦。

不仅如此，当今经营瓦业的人们也有很多妙思。由于雨水管会阻碍视线，所以就有人发明了在房檐第六排处铺葺开洞的瓦，在其下面放置木樋管的全新方法[1]。也许正因为有了以上种种创意与改良，才使得如今的瓦葺房顶建筑成为一道反映日本式住宅的独特风景吧。

在第一章中主要介绍一下瓦的类型，然后在第二章中具体叙述源于中国的制瓦技术经由朝鲜半岛传入日本后如何得以发展的历史。

瓦的种类与使用方法

在建筑物的房顶上开始葺瓦，也就是使用牢固的制品来覆盖房顶的行为，在人类的居住生活方面可谓是划时代的事件。尽管瓦葺房顶的数量随着时代的推移在逐渐增加，但是，也并不是所有的建筑房顶都是用瓦铺葺的。

在瓦成为制作房顶的材料之前，已经有很多可以用来制作房顶的材料。人类在最初兴建房屋时，也许只是在木制的框架上铺上细枝和草而已。虽然瓦葺房顶建筑物的数量在不断增加，但在另一方面，稻草房顶、木板房顶、木瓦房顶、茅草房顶、柏树皮房顶、杉树皮房顶等形式多样的房屋，出于使用阶层的不同，或者使用目的的不同依然存在着。即使到了现代，作为房顶材料，铜板、白铁皮、合成树脂、板石、水泥等也仍被广泛使用着。

瓦刚传入日本时，它的种类并不是很多。但是随着房顶构造的

---

1. 不单单如此，使用由板瓦和筒瓦构成的、用于本瓦葺的一体瓦，以及栈瓦也在叠葺部分采用了双重沟渠设计来解决排水的问题。

瓦葺房顶的民居风景

雨天的瓦葺房顶

具有防雪落下功能的瓦（上、中）以及铺葺多列的瓦葺房顶（下）

使用石灰来保护接缝的房顶

使用石灰固定的垂脊后端

铺葺在滴水（檐溜）处的瓦

放置留盖的垂脊后端

复杂化,与此相匹配的物件也逐渐被发明创造出来,由此,随处可见种类繁多、形态各异的瓦。为了便于介绍一些相对复杂的房顶,下面就引用一下善于写生,且身为瓦研究者的E·S·莫斯的文章。

图为经营鞋和伞的店铺。因为画一幅做工精巧的瓦葺房顶需要很长的时间,所以我就不画了。(《日本纪事》[1])这是一幅鞋店的写生画,与详细描绘的店内情况相比,房顶画得非常简单。

抬头看看现代的房顶,就会发现有很多复杂结构的房顶都使用了各式各样的瓦,其中不乏新奇的事物。例如,有很多西洋风格的房顶,却采用了行基式(无段式)筒瓦的逆向排列方法。虽然它也起到了挡雨的作用,但这已经属于具有装饰性的设计。另外,如果注意观察冠瓦(伏间瓦),就会发现它们也使用了多种风格的瓦。关于这种瓦的内容,我将在后面进行叙述。此处值得关注的是,一个建筑物的房顶正脊不仅对建筑物本身非常重要,同时在装饰方面也起着关键的作用,可见兴建者在与屋脊相反的瓦的凹面部分也花费了很多心思。虽然房顶上面的部分很难看清楚,但是可以看到筒瓦的前端被斜着切掉了一部分,并用瓦塞住了该处。这种做法被称作"凹筒瓦",凹面左右两侧的瓦的区分非常明确。在近年的房顶瓦中,出现了施釉瓦,也就是"彩色瓦",因此人们随处可以见到青、黄、绿颜色的房顶。使用西洋瓦的房顶数量不断增多。在以西班牙式瓦为代表的西洋瓦中,可以发现相连使用筒瓦与板瓦的部分,大多都将筒瓦铺葺到了左侧,也就是相当于左栈瓦(波形瓦)。并且由于把筒瓦部制作成了筒瓦,所以看起来与行基式筒瓦非常相似。

---

1. E·S·莫斯著,石川欣一译《日本纪事》2(东洋文库172,63页,1970年);莫斯同时也是瓦的研究者,1982年发布了其成果。

稻草房顶

木板房顶

木瓦板房顶

茅草房顶

柏树皮房顶

板石房顶

石头房顶

白铁皮房顶

铜板房顶

石棉瓦房顶

水泥瓦房顶

逆行基式瓦房顶

各种洋瓦房顶

在说明瓦的种类之前,先为大家介绍一下主要的房顶类型。

山形房顶:由两个倾斜面所构成的房顶,这是多数房顶的主要形状。从古至今,有很多山形(双坡)房顶的建筑,尤其在神社与普通民居中十分常见。房顶有一个水平的正脊,在正脊的两侧附近大多会有檩子。在山形房顶的两端有破风板,破风板的上面叫做博风。山形房顶在古代称作真屋(双坡),相比带有独特风格的四坡房顶,山形房顶是更加高级的房顶。

四坡房顶:是具有四个倾斜面,房顶处有水平正脊形状的房顶。雨水从四个倾斜面流下来,所以也被称作四注房顶。从正脊的两端,面向房顶的四个角度呈棱线形结构垂脊。

歇山顶建筑:这是一种由山形房顶与四坡房顶组合构成的,房顶的上方呈现山形、下方呈现倾斜形状的房顶。之前提到山形房顶也叫做双坡房顶,由于这种房顶往里凹入,所以将其命名为入双坡,进而演变为歇山顶建筑。

方形顶:这种房顶呈现的是仅由四个倾斜面结构的形状,也就是四坡房顶去掉正脊的形状。在寺院建筑中,会在房顶放置露盘、伏钵、宝珠。

一般认为这些种类的房顶形成于7~8世纪,随着众多寺院和宫殿的房顶开始铺瓦,将这些房顶种类组合的结果使得房顶的结构也趋向复杂化。

这也可以称作是一种铺葺方法,即在一点点铺葺瓦的过程中,中途突然会有不同高度的一层屋顶,因为它的形状会让人联想到帽盔下的护颈一样,所以又被称作歇山式前后折线房顶。

在古代,只有在都城与各属国的官衙以及寺庙才能见到铺瓦的房顶,所以,铺瓦的房顶特别惹人注目。瓦葺房顶不但可以保护建筑物不受雨雪的侵袭,同时还可以显示其兴建者或者居住者的

山形房顶

四坡房顶

歇山顶建筑

方形顶

威严。到了近世之后，这种带有特殊含义的瓦葺房顶才不再代表特定的阶层，关于此项内容，将在"瓦的历史"部分进行叙述。

筒瓦·板瓦

普通的房顶瓦基本为筒瓦和板瓦，这两者组合在一起覆盖整个房顶，被称为本瓦葺（筒瓦）房顶。所谓筒瓦，就是将圆筒截成一半形状的瓦片。在制作过程中，大多数情况下都会把圆筒截成一半。或许就是因为这个缘故，它在中国被称为筒瓦。在日本的早期阶段，兴建飞鸟寺时，筒瓦有两种造型：一种是为了更容易叠建，在一端加上一些落差的接缝造型；另外一种是从一端到另一端逐渐变细，从而使其更容易叠加在一起的形式。前者按照惯例叫做"镶边式筒瓦"、"玉口式筒瓦"，后者被称为"行基式筒瓦"。前者以容易叠建的部分命名，没有任何令人费解的地方，但是对于后者被称为"行基式筒瓦"却显得有些奇怪。在古代，"行基式筒瓦"给人一种带有特殊形状的感觉，或许是因为这种瓦是由兴建众多寺庙、修水渠、为救济百姓而鞠躬尽瘁的行基和尚所发明而得此名的吧。但是，由于无法确定这种称呼究竟源于何时，所以，最近开始将前者称为"有段式筒瓦"，将后者称为"无段式筒瓦"。

板瓦与筒瓦的长度基本一致，是带有弧度的板状的瓦，所以在中国被称为板瓦。虽然板瓦的长度与筒瓦基本一样，但是在一个房顶上，板瓦所使用的数量多于筒瓦。这是因为葺瓦时多会采用叠葺法，有时会在板瓦的三分之二部位进行叠葺。其平面的形状看起来虽然近似于长方形，但实际上却是类似于长方形的梯形，这是为了方便叠葺而制成的形状。木口宽的一侧被称为宽侧，狭窄的一侧被称为窄侧，在进行叠葺时，窄侧会理所当然地在前边，也就是放置于房檐头（檐端）。不过，在没有使用檐头板瓦的建筑

歇山式前后折线房顶

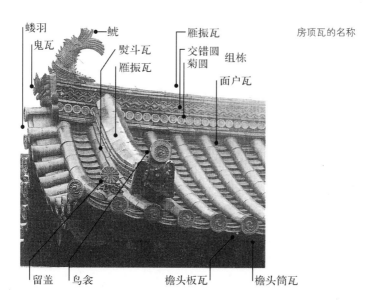

蝼羽

鬼瓦

鯱

熨斗瓦

雁振瓦

雁振瓦

交错圆

菊圆

组栋

面户瓦

房顶瓦的名称

留盖

鸟衾

檐头板瓦

檐头筒瓦

上，例如飞鸟寺 (位于奈良县高市郡明日香村飞鸟) 等早期的寺庙，则在房檐头放置了板瓦的宽侧[1]。之所以采用这样的铺葺方法，可能是因为在铺葺瓦时，是先在檩条上铺抹泥土的缘故。如果将宽侧朝向前端的话，可以起到防止滑落的作用。在这些瓦的凹面，依稀可以看见布纹的压痕。特别是在古代的瓦上，可以很清楚地看到布纹的痕迹，这种布纹压痕是在制作瓦的过程中出现的。也就是说，在制作瓦的过程中会使用到布，因此在筒瓦和板瓦的凹面就留下了布纹的压痕。有一种称作"布纹瓦"的用语，大概是针对古代的瓦所使用的称呼。因为古代的瓦大多可以看见布纹的压痕，所以才得此名。那么，凸面会怎样呢？ 在制作筒瓦时，大都会使用"削刮"、"抚平"等工艺，所以就消掉了最初制作技法的痕迹。但是，如果仔细观察的话，就会发现有些瓦上会残留着格子状和绳纹状的压痕。板瓦上基本都留有没有消掉的格子状、绳纹状的压痕。格子状和绳纹状的压痕会被刻在瓦的成形时期所使用的道具上，或者保留在制品上，用于以后缠绕细绳子时使用。瓦上雕刻的形状，虽然在这里称之为格子状，其实除此之外还有很多种类，它成了对制瓦技术和工匠团体进行分析的依据。在古代的瓦中，先于带有绳纹状压痕的制品出现的是带有格子状压痕的制品。在带有绳纹状压痕的板瓦中，创建于7世纪后半叶的高井田废寺 (位于大阪府柏原市高井田) 使用的瓦，被认为是带有装饰的瓦的最早类型。

　　前面提到，布纹实际是留在瓦的凹面上的压痕，但是在一些板瓦的凸面，也可以看到带有布纹压痕的例子。有关这种瓦的报告，或许光善寺废寺 (位于千叶县市原市寺山) 出土的瓦制品算是最

---

1. 奈良国立文化遗产研究所"飞鸟寺发掘调查报告"(《同研究所学报》5，34页，1958年)。

有段式筒瓦（镶边式筒瓦）

无段式筒瓦（行基式筒瓦）

使用有段式筒瓦（右）和
无段式筒瓦（左）的房顶

早时期的实例[1]。但是随着之后报告了川原寺(位于奈良县高市郡明日香村川原)发掘调查中的出土实例,这样的实例也逐渐增多起来[2]。

檐头筒瓦·檐头板瓦

在瓦的一端添加装饰纹样的筒瓦和板瓦被称为檐头筒瓦、檐头板瓦,两者并称为檐头瓦,它的纹样部被称作瓦当部。早期的瓦当只在筒瓦的前端设计纹样部,而现如今设计在檐头板瓦的纹样部也被称为瓦当。瓦当部的装饰纹样逐渐发生了变化,不断的演变反映了其制作的时代,因而成为后人判断其制作年代的依据。檐头瓦使用于房顶的屋檐处,有时也会作为脊瓦被装饰在正脊上,或者用于双坡房顶和歇山房顶的房顶蝼羽、组合式屋脊、勾裳搭搏风、千鸟博风等的各种造型。随着屋檐构造的不断复杂化,檐头瓦的用途范围也逐渐加大。

檐头筒瓦的平面形状与板瓦一样,大体上都是接近于长方形的梯形,并且在它宽的一端付有瓦当,铺葺方法与前部狭窄的板瓦正好相反。之前在板瓦的部分已经介绍过,在檐头使用的板瓦,宽的一端会被放到前端,这一事实已从飞鸟寺出土的物品中得以证实。飞鸟寺出土了在距筒瓦的宽侧10厘米左右处留有涂红布痕的物品,这个痕迹很可能是在铺葺瓦之后,毛刷为建筑物着色时在板瓦凸面留下的痕迹,这种现象在檐头板瓦上会经常出现。

为了将檐头板瓦固定在瓦座上,很多时候都会在瓦当部和板瓦部间制造落差,并设计一定的弧度。因为从瓦座上突起的形状就仿佛人的下巴一样,所以又被称为"段颚"、"曲线颚"。由于

1. 大川清"上总光善寺废寺"(《古代》24,1页,1957年)。
2. 奈良国立文化遗产研究所"川原寺发掘调查报告"(《同研究所学报》9,37页,1960年)。

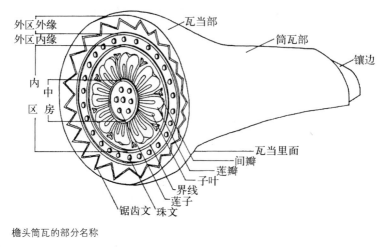

檐头筒瓦的部分名称

外区外缘　瓦当部　筒瓦部　镶边
外区内缘
内区　中房　瓦当里面　间瓣　子叶　界线　莲子　锯齿文　珠文

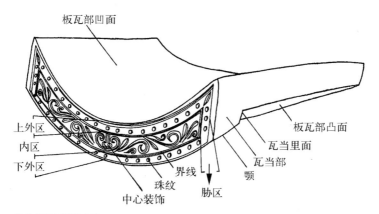

檐头板瓦的部分名称

板瓦部凹面
上外区　内区　下外区　界线　珠纹　中心装饰　胁区　颚　瓦当部　瓦当里面　板瓦部凸面

檐头板瓦的颚的形状

"曲线颚"的横切面让人联想到马蹄,所以也会被称为"蹄颚"[1]。当然也有一些没有刻意制作颚的,这些无颚的被称为"直线颚"。

在檐头瓦中,还有一些被制作成极其特殊形状的造型,这些从南滋贺废寺(位于滋贺县大津市南滋贺一丁目)和穴太废寺(位于滋贺县大津市坂本穴太町)的出土文物中便可以看到。在相当于檐头筒瓦的瓦当部,被做成正方形造型,然后在紧接其后的相当于筒瓦部则被制成了コ字形状。纹样的形状就好像从侧面看到的莲花一样,但又因为酷似蝎子的形状,所以又被称为"蝎纹"。与此组合在一起的,也就是相当于檐头板瓦的部分被制成了将コ字向上仰起的薄薄的形状,而瓦当部则被制成一端堵塞的形状。并没有添加任何纹样,只是可以看到格子状的叩纹。相当于筒瓦的部分,在接近边缘处会逐渐变细,以方便将第二块瓦叠葺在一起。

栈瓦·屋檐栈瓦

自从日本开始生产瓦以来,筒瓦和板瓦的形状在很长一段时间内都没有发生变化。到了江户时期,发明了将筒瓦和板瓦的形状组合在一起的栈瓦(波形瓦),比单纯的本瓦葺(筒瓦)房顶重量轻了很多倍,因此,现在很多民居都使用栈瓦铺葺的房顶。栈瓦同样也被制成了很多种形状,其中,也有一些将相当于瓦当部的下面制作成平坦形状的、被称为一文字瓦的栈瓦。

栈瓦的生产始于延宝二年(1674年),首次使用于近江三井寺万德院的玄关处。其创意者,或许更应该称作发明者,是住在大津的瓦匠西村五郎兵卫尉正辉(后改名为半兵卫)。据说他是在江户看到"防火瓦",得到启发后发明了栈瓦,因此,栈瓦在早期的时

---

1. 石田茂作《古瓦图鉴 解说》5页,1938年。

候被称作"江户瓦"。虽然无法弄清当时所说的防火瓦究竟所指哪种类型的瓦，但好像与西村半兵卫发明的瓦并不是一样的[1]。之所以把在此之后发明的瓦称作栈瓦，很有可能是由于相当于筒瓦部的位置被称作栈的缘故吧。

通常情况下，都会把栈置于面向房顶时的左端。而根据房顶构造，在容易进雨水的地方，栈却会被设置在面向房顶时的右端，并被称为"左栈瓦"。这里所说的左，是指从正脊角度来看铺葺好瓦的房檐的位置。通常不会将栈瓦称为"右栈瓦"，笔者在这里暂且这样称呼。虽然几乎不使用左栈瓦，但是在某些地方也会发现此类例子。有一些建筑，整个房顶都使用左栈瓦铺葺，而正屋基本使用普通的栈瓦，只在挑檐部分使用左栈瓦。另外，虽然为数不多，但是也曾见过根据四坡房顶的面，而分别使用左右栈瓦铺葺的房顶。再有，民居的围墙一般都使用一文字瓦，但是也有以门为界限，分别使用左栈瓦和右栈瓦，或者以拐角处为分界线，分别使用左右栈瓦的实例。

之所以这样区分使用，是因为基本不可能将两种栈瓦铺葺在一个房顶上。位于兴福寺西侧的幼儿园，它的北侧房屋的东侧铺葺了右栈瓦，西侧铺葺了左栈瓦，在两种栈瓦相连之处，左右两端都铺葺了带有栈的特殊形状的瓦。位于高知城南部的山内家宅邸，其长屋呈东西向。虽然在房顶南面的挑檐处使用了檐头栈瓦，却与之前介绍的奈良的例子不同，山内家宅邸在中央部分铺葺了普通的檐头板瓦和板瓦，在其东侧铺葺了右栈瓦，西侧铺葺了左栈瓦。如此混用两种栈瓦的房顶结构，实在令人寻味。

---

1. 中尾正治"名垂八幡近郊与南山城地区的瓦师"（《京都考古》71，1页，1993年）。
   杉本宏"瓦师源左卫门与栈瓦"（《京都考古》71，1页，1993年）。
   京都市《京都的历史》5，570页，1972年。

檐头栈瓦　将相当于檐头筒瓦部分制成粗环形,只加上了一点突出点的纹样装饰

檐头栈瓦　即使在相当于檐头筒瓦的部分也完全没有任何纹样

檐头栈瓦　没有檐头筒瓦的部分,在相当于檐头板瓦的地方施有纹样

檐头栈瓦　完全没有纹样,下面制成水平形状,被称为"一文字形檐头瓦"

带有左栈瓦和右栈瓦的民居
围墙

上面带有左檐头栈瓦的
民居围墙，或许是转用
了蓑羽用的瓦

左栈瓦与右栈瓦　上：在两者的中间使用了两端带有栈的瓦
下：中央部分铺葺的是普通的檐头板瓦、板瓦，在其左右分别铺葺了左栈
瓦和右栈瓦

制成左栈瓦式的水泥瓦民
居围墙

铺葺于屋檐前端的栈瓦上通常都有纹样部，被称为檐头栈瓦。这些檐头栈瓦中既有有装饰纹样的，也有无装饰纹样的。在带有纹样的瓦中，会将栈的前端（雀口）制作成檐头筒瓦状，主要制作成巴字纹样。也有原样保留雀口，只在相当于檐头板瓦的地方制作纹样的情况。在这个地方，大多装饰有均整唐草纹样。另外，在檐头栈瓦中，也有将其底面制成平坦状的栈瓦，称为"一文字檐头瓦"的实例。在近年的栈瓦中，有一些完全没有纹样的瓦制品，让人倍感乏味。

鬼瓦

一般情况下在房顶的正脊和饯脊的前端会放置鬼面瓦，并由其外形得名。与保护建筑物免受雨雪侵害这一最初的目的相比，鬼瓦的装饰目的更强一些。因为鬼瓦被认为可以防止恶神降落到建筑物上，并给居住者招来福气，所以对于建筑物来说，带有可怕表情的鬼瓦却具有重要作用。如上所述，这种主要用于装饰房顶的瓦，又被称为道具瓦或者职能瓦。

在这种道具瓦中，鬼瓦在早期的寺院正脊上就已经有所使用。目前虽然还无法确定在日本最早兴建的飞鸟寺使用了什么样的鬼瓦，不过，却在法隆寺若草伽蓝遗迹（位于奈良县生驹郡斑鸠町法隆寺）中出土了莲花纹样的鬼瓦[1]，其莲花纹是直接雕刻在纹样面上的。仔细观察的话，会发现整个纹样面划分成了方格状，其中间部分是每边长8.4~8.6厘米的正方形。然后以每个交叉点为中心，使用圆规画出半径为3.1厘米的圆。再将圆的中部进行八等分，画出八瓣莲花纹样。虽然称为莲瓣，但是因为其前端有角度，中间部

---

1. 奈良县教育委员会《重要文化遗产法隆寺西院大垣（南面）修理工程报告书》，1974年。

分又带有很高的棱状，所以呈现出的是极具几何形状的纹样。在纹样面上，经常会留下画底稿时使用格尺画出的比例"区域"以及圆规扎下的针孔。

这种先在纹样面上画底稿，然后再施加纹样的手法，与同时期制作的若草伽蓝遗迹与坂田寺遗迹(位于奈良县高市郡明日香村坂田)的檐头板瓦完全一样。装饰多个莲花纹样的鬼瓦，早在扶余时代的百济就已经出现[1]，由此可以推断，若草伽蓝很有可能是受了百济的影响。

装饰有莲花纹样却被叫做鬼瓦，实在令人不可思议。但是无论怎样，正脊的两侧都必须使用某种造型来将其堵住。之前讲过，鬼瓦在装饰方面的作用更强一些，但是实际上因为必须要防止正脊和戗脊切口处的雨水侵入，所以很有可能是使用了当时作为瓦当纹样使用的莲花纹来替代的。由此，7世纪的屋脊装饰瓦基本都使用了莲花纹样，这一推理在奥山废寺(奥山久米寺——位于奈良县高市郡明日香村奥山)、山村废寺(位于奈良市山村町)和秦废寺(位于冈山县总社市秦)等各地先后出土的文物中得到了证实。从奥山废寺出土了两种鬼瓦，一种是属于7世纪前半叶的作品，在边角处设计了很大的无子叶的单瓣莲花纹样，并在其周围环刻有大粒的连珠纹样，这种鬼瓦可以认为是根据模具制作出的最早的鬼瓦。在末奥瓦窑遗迹(位于冈山县都洼郡山手村宿末奥)出土的文物中也有与其非常类似的纹样鬼瓦，这个瓦窑被认为是与畿内有着紧密联系的豪族营建的。在被认定为小垦田宫遗迹(位于奈良县高市郡明日香村丰浦)中，也有与奥山久米寺的鬼瓦非常相似的文物出土，由此可以认为奥山久米寺是一座具有特殊意义的寺庙。

---

1. 国立扶余博物馆《国立扶余博物馆》图录83页，1994年。

另外一种是设计有大子叶的单瓣莲花纹样，同样也在其周围设计了很多大粒连珠纹样，是一幅非常匀称、漂亮的纹样。与之非常相似的鬼瓦，在山村废寺中也有出土。在这些鬼瓦的莲花纹样周围，环刻了一些线形锯齿纹。通过对这两种鬼瓦纹样进行研究的结果，可以确认是将外侧的珠纹带重新雕刻到线形锯齿纹的区域内的[1]。这个寺庙在创建期所使用的檐头筒瓦的瓦当纹样与鬼瓦相同，奥山废寺的后一种鬼瓦和山村废寺的鬼瓦，两者的底部中央与两端处都是呈弧形的。

我们认为的鬼瓦，即带有恶鬼面的鬼瓦，很可能出现于8世纪之后。因为从藤原宫遗迹中出土了只有几条弧线的鬼瓦，而在平城宫遗迹中，则出土了带有鬼面纹样和恶鬼纹样的鬼瓦，由此可以认定，是从这个时期建筑开始采用带有纹样的鬼瓦的。在鬼面纹样的鬼瓦中，有的带有与统一新罗的鬼瓦相同的特征，所以也有可能是受到了新罗的影响。而从其他的鬼面纹样或者兽身纹样鬼瓦来判断的话，认为鬼面纹样鬼瓦受到唐代影响的学说比较可信[2]。

8世纪的鬼瓦大体上可以分为两种类型，也就是平城宫式和南都七大寺式[3]。两种鬼瓦的最大区别就是外缘部分是否有珠纹，平城宫式没有珠纹。而南都七大寺式鬼瓦的特征是只呈现出面部的形状，很多都没有下颚的下端和下齿。

这些鬼瓦都是在范上，也就是在模具上填进黏土后制作出来的。这种制作方法的鬼瓦主要流行于平安时代、镰仓时代，而带有

1. 石松好雄“关于瓦和砖的模具改制”（九州历史资料馆《研究论集》19,63页,1994年）。
2. 毛利光俊彦“日本古代的鬼面纹样鬼瓦——以8世纪为中心”（奈良国立文化遗产研究所《研究论集》Ⅵ,42页,1980年）。
   山本忠尚“鬼瓦”（《日本的美术》391,1998年）。
3. 毛利光俊彦,“日本古代的鬼面纹样鬼瓦——以8世纪为中心”（奈良国立文化遗产研究所《研究论集》Ⅵ,42页,1980年）。

扶余扶苏山出土的石制鬼瓦　　　　　　法隆寺若草伽蓝的鬼瓦

奥山废寺的鬼瓦（左右同）

山村废寺的鬼瓦

般若相的、具有立体感棱角的鬼瓦是在室町时代才出现的。

　　鬼瓦分为正脊用与戗脊用，因为正脊上的鬼瓦是以骑跨在"合掌"式檐头筒瓦的形式放置的，所以底部会成为开口很大的拱形。为了压住蝼羽会使用戗脊，所以戗脊用的鬼瓦，其体积会比较小。关于底部的缺口，7世纪后半的鬼瓦，中间和两端部分都会挖出缺口，而8世纪的鬼瓦，仅在底部挖出缺口。这些手法都是由戗脊的构造决定的[1]，在之后出现的两层戗脊的鬼瓦中，底部有的保持了原样，有的将中间和两端挖成弧形，使其可以固定在戗脊两侧的筒瓦上。这类鬼瓦的代表当属出自之前提到的奥山废寺和山村废寺的出土文物，所以由此可以断定该种鬼瓦的使用年代仅限于7世纪。但是，在8世纪的鬼瓦中，也有同类出现。另外，随着房顶角落的戗脊变成两层后，戗脊上就会放置第一鬼瓦和第二鬼瓦共两个鬼瓦。因为第二鬼瓦的屋脊很高，所以底部会挖得深一些。而第一鬼瓦，就像之前所叙述的那样，底部或者保持原样，或者在两侧挖成弧形。戗脊和垂脊之所以会变成两层，其实就是因为随着房顶的坡度加大而发生的变化，这种情况是在平安时代后期形成的。因此可以认为，在此之前的戗脊和垂脊上的鬼瓦，各屋脊上只有一个。

　　在这之前虽然介绍过鬼瓦分正脊用和戗脊用，但是我们对于较早时期的情况却并不十分了解。具有完整的形状，或者极其相似的复原品基本都是戗脊用鬼瓦，而有关放置在正脊上的鬼瓦情况目前却尚不明确。另外，在古代的史料中看不到相当于鬼瓦的瓦制品的名称，这一点确实令人难以置信。在《西大寺流记资财账》的有关"药师金堂"的记录中，对屋檐记录得非常详细，但是对于相当于"鬼瓦"的部件，却只有"角隈瓦端铜华形八枚"一句描

---

1. 木村捷三郎"对于本地的堤瓦的研究　附关于所谓鬼板的起源"（"佛教考古学论丛"《考古学评论》3，52页，1941年）。

平城宫的鬼瓦

平城宫的鬼瓦

新罗的鬼瓦（雁鸭池出土）

平城宫的鬼瓦

述而已[1]。如果是四坡房顶结构的话，在垂脊的前端需要八个鬼瓦。如此看来，鬼瓦在这个时代应该被称作"华形"。但是，在西大寺的兴建时期，其实应该已经使用了鬼面。

正如之前所提到的，古代大多数的鬼瓦都与檐头瓦一样，是将黏土填到模具（笵）里制作而成的，其中还可以看到有些纹样上会留有模具的裂纹痕迹。在把鬼瓦放到正脊上时，一般都会将被称为"合掌瓦"的檐头筒瓦骑跨在下端中央的凹处。但是，美浓国分寺（位于岐阜县大垣市青野町）的鬼瓦，却使用了特殊的制作方法，就是把鬼瓦与合掌接合用的檐头筒瓦连体烧制[2]。一直以为让鬼瓦骑跨在屋脊的做法已经很好了，没想到这也是一种独特的构思。另外，在鬼瓦的上面一般会设置鸟衾，例如在大宰府出土的鬼瓦中，为了便于安置鸟衾，纹样的上部被稍微削掉了一些。反过来这些资料也足以证明，在古代早已存在鸟衾。

鬼瓦的纹样上大多都有小孔，一般被称作钉孔。但其实这并不是钉钉子的孔眼，而是为了将鬼瓦固定到正脊上时用于填充五金部件的小孔。那种不带孔眼的纹样，是在鬼瓦的左右外缘，直接挂上五金部件加以固定的，或者在鬼瓦的背面安装把手。背面带有把手的鬼瓦，会给人一种时代感的印象。在日本最早的鬼瓦资料——法隆寺的手雕莲花纹样鬼瓦的背面就有把手。

在古代的鬼瓦中，除了鬼面还有其他种类的纹样。从之前提到的藤原宫和小山废寺（纪寺遗迹，位于奈良县高市郡明日香村小山）出土了重弧纹样的鬼瓦，可以将其认为是从莲花纹样过渡到鬼面纹样的代表。另外，在平城宫旧址中发现了凤凰展翅的鬼瓦，这

---

1. "西大寺流记资财账"（《宁乐遗文》中，395页，1962年）。
2. 大垣市教育委员会《历史遗迹美浓国分寺遗迹发掘调查报告》9页，1978年。

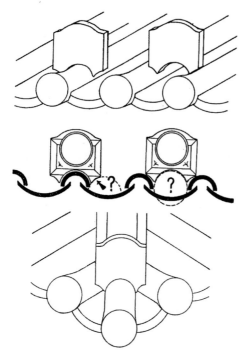

削掉底部两端的鬼瓦的使用方法（引自 P.35 注 1 木村论文）

垂脊上的第一鬼瓦与第二鬼瓦

底部两端被削掉的戗脊的鬼瓦

九州大村线大村旧车站的鬼瓦　装饰有象征铁
道的"铁轨"

美浓国分寺的鬼瓦　与合掌瓦组合在一起
整体烧制而成

正脊的装饰瓦　用刮刀雕刻出的纹样，从其
形状根本无法称其为鬼瓦

木制的"鬼瓦"

带有"二字纹"纹样的鬼瓦　　合掌（接合）处使用带有"睡菜"的檐头筒瓦，面对垂脊方向时的右侧铺葺着左栈瓦

带有家徽"石龙胆"的鬼瓦

带有"水"字的鬼瓦

是在第二次对皇宫北侧官衙地域进行挖掘时出土的瓦制品[1]。虽然目前无法确定该鬼瓦所在的具体建筑，但是从出土文物距离皇宫如此接近的事实来判断，其应该是被使用在皇宫的某一个建筑上的，也许它是为招来祥瑞的目的而制作的吧。另外，在信浓国分寺(位于长野县上田市大字国分) 出土了素文鬼瓦、完全没有纹样的鬼瓦形状的瓦制品[2]。该瓦制品的下半部被削成方形，上半部的中间留有钉孔。虽然不能否认直接把素文 (鬼瓦) 安置在房顶上的可能性，但是否也可以认定是将木雕鬼面固定在这个瓦制品上的呢？

正如之前提到的那样，立体的般若相鬼瓦出现于室町时代，随着时代的推移，人们也开始制作鬼面纹样以外的鬼瓦。或许是出于除魔的意图，鬼瓦上写着类似"急急如律令"那样的咒语，或者单写着一个"水"字。前者是在古代咒符中经常可见的咒语的结束语，而后者的"水"字，则包含有防火、保护建筑物的意思，这两种情况在现代的房顶上仍然可以看到。

在兴建城郭建筑时，人们习惯将家徽装饰在檐头瓦上，后来在鬼瓦上也采用了这一做法。之后，家徽逐渐被使用到城郭建筑以外的建筑上，在现代的民居中也可以看到代表家徽的鬼瓦。另外还有一些极其特殊的、很难称之为鬼瓦的变异的屋脊装饰。

鸱尾

在装饰建筑物正脊两端的瓦中，有一种瓦被称作鸱尾[3]。鸱尾大体上可分为躯干、纵带、鳍部、腹部。它最初采用的好像是将正脊

---

1. 奈良国立文化遗产研究所"平城宫遗迹发掘调查报告" VII (《同研究所学报》26，72页，1976年)。
2. 上田市教育委员会《信浓国分寺遗迹》36页，1965年。
3. 奈良国立文化遗产研究所飞鸟资料馆《日本古代的鸱尾》，1980年。
   大胁洁"鸱尾"(《日本的美术》392，1999年)。

的两端大幅度拱起的造型,这种鸱尾在汉代墓的陪葬品明器,以及北魏时代的壁画中都发现了类似的物品。在日本古代的鸱尾中,也有呈现类似形状的物品。在飞鸟寺和法轮寺(斑鸠寺)的出土实例中,发现了带有高低落差形状,并且正脊向上拱起的鸱尾。而在四天王寺出土的实例中,则是用沉线来表示其形状的。鸱尾的鳍部,大多都是采用高低落差状的造型。自从高低落差状不在躯干部分呈现后,它便被保留在了鳍部。

另外,关于鸱尾的起源,也有人认为是象征祥瑞和辟邪的凤凰的翅膀。飞鸟寺中金堂和西金堂的鸱尾,被认为是日本最古老的鸱尾。其制作极其精良,躯干部削出的高低落差造型,使正脊呈现出向上拱起的形状,鳍部的羽毛层层重叠在一起,纵带部分是由躯干与鳍部的交错接合展现出来的。

在山田寺(位于奈良县樱井市山田)与和田废寺(位于奈良县橿原市和田町)出土的文物中,可以看到躯干部分为鸟的羽毛的鸱尾。另外,尽管是模型,但是在玉虫橱子(类似佛龛)上也有同样的纹样。从上述实例可以判断,建筑物的正脊两端想要展现的是宛若凤凰展翅的形状。从"鸱尾"这个文字来看,其寓意鸟的可能性很大。但是在镰仓时代,仿建唐招提寺金堂的建筑中,却写着"鮨"字,可见鸱尾的寓意已经从鸟转变成了鱼[1]。除此之外,在奈良时代的史料、《西大寺流记资财账》等资料中,则写着"沓形",这很有可能是从贵族所穿鞋的形状联想到的名称[2]。

在鸱尾中,有寓意鸟的羽毛、颇具装饰性的例子,大部分都还只局限于高低落差造型和凸线程度。但是,在7世纪的鸱尾中,却出现了在躯干部位装饰有莲花纹样的现象,这一纹样也许是把该

<hr>

1. 泽村仁"瓦"(《奈良六大寺大观,十二,唐招提寺 一》43页,1969年)。
2. "西大寺流记资财账"(《宁乐遗文》中,395页,1962年)。

寺院当时所用的檐头筒瓦的瓦当部直接粘贴到此处的。从西琳寺旧院内出土了带有特殊纹样的鸱尾,在它的躯干部分带有"刮刀雕刻"的纹样[1]。这个纹样是由火焰宝珠与莲花纹样的正面组合在一起的,果然不愧为佛教世界的纹样化作品。虽然与瓦制品以及金属工艺品有所不同,但是这个纹样与法隆寺的菩萨立像宝冠的纹样却有共同之处。除了以上这些实例以外,在平安宫使用的鸱尾中,还有口含龙珠的凤凰的例子。

鸱尾大体上是瓦制的,但是在伯耆大寺废寺(位于鸟取县西伯郡岸本町大殿)和山王废寺(位于群马县前桥市总社町)的实例中,却也有石制鸱尾存在。在山王废寺出土的两件鸱尾中,有一件躯干和鳍部没有高低落差造型,且纵带部分呈现凸带状。这个鸱尾的特点是,带有与瓦相连接的榫口,脊梁的下端与正脊的冠瓦连在一起。另外,在靠前方的一侧刻有沟槽,很可能是为了方便让雨水从中流下而有意设计的。在躯干的侧面,设计有为了连接房顶顶部和戗脊的榫口。房顶顶部所刻留的榫口,正好可以分别接合安放两块筒瓦和板瓦,戗脊正好可以骑架在板瓦上面。而另外一件,不仅在躯干部分没有任何纹样,而且也没有呈现纵带。或许这两件鸱尾是分别安放在不同的建筑物上的吧。大寺废寺出土的鸱尾,在鳍部呈现出弧状的高低落差造型,看起来就像羽毛一样。

在《大安寺伽蓝缘起并流记资财账》中,记载着有关大安寺的前身,即百济大寺的石制鸱尾被烧毁的经过[2]。也许是因为像鸱尾这种大型物品,很难用瓦窑来烧制的缘故吧,奈良时代的瓦制鸱尾的实物极其罕见。

在奈良时代平城京兴建了很多的寺院,唐招提寺的鸱尾是唯

1. 大胁洁"鸱尾"(《日本的美术》392,21图,1999年)。
2. "大安寺伽蓝缘起并流记资财账"(《宁乐遗文》中,366页,1962年)。

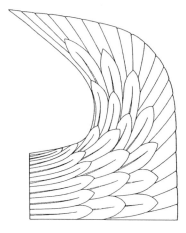

山田寺鸱尾复原图

法轮寺的鸱尾

和田废寺的鸱尾

唐招提寺金堂正脊的鸱尾

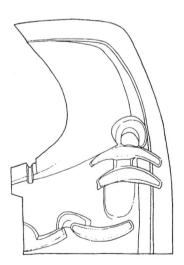

山王废寺的鸱尾及其复原图

一的瓦制品,在其他的寺院中根本看不到。尽管在平城宫建有很多以大极殿为代表的宫殿,但是却连瓦制鸱尾的碎片出土文物都没有。唐招提寺金堂正脊西侧的鸱尾,制造于奈良时代,并且现在依然可见。而东侧的鸱尾,则是在镰仓时代,元亨三年(1323年)由橘正重依照原样仿制的,在用凸带进行划分的纵带处设计了小粒连珠纹样。这种连珠纹样一直延伸到基底部,失去了纵带本来的作用。虽然在鳍部呈现出了高低落差状,却没有围绕到顶部,在中途就断掉了。这种形态的鸱尾,是受到了初唐时期建筑文化的影响,在7世纪下半叶被广泛应用,并一直持续到平安时代。

根据之前所提到的西大寺史料,以及法华寺阿弥陀净土院创建的相关史料,可以了解当时已经有金铜制成的鸱尾[1]。另外,据史料记载,好像还有铅制和木制的鸱尾[2]。鸱尾的侧面底部,有带月牙状、半月状镂空造型的,也有不带的。在镂空处会衔接戗脊,因此,可以推断这种鸱尾是被使用在双坡房顶和歇山房顶的建筑上。不仅如此,或许还可以根据镂空的位置,设计好在博风即蟋羽的第几行处安放戗脊。

自平安时代以后,鸱尾几乎不再出现,到了中世以后,逐渐演变成鱼的形状,由此出现了鯱(逆戟鲸)的造型。

鯱

鯱(逆戟鲸)与鸱尾一样,都是装饰建筑物正脊的一种瓦。由于它呈现头朝下、尾巴翘起来的形状,所以又被称为逆戟鲸。躯干部分被鳞覆盖,各有一对大大的胸鳍、腹鳍、尾鳍,紧咬着冠瓦。有

---

1. "造石山院用度账"(《大日本古文书》16,254页)。
2. 藤原实资的日记《小右记》万寿二年(1025年)8月12日(《大日本古记录　小右记七》119、135页,1973年)。

鯱

由于正脊两端的鬼瓦上有鸟衾，所以鯱的位置稍微靠后，与通常所见到的情况有些不同

狮子状脊饰

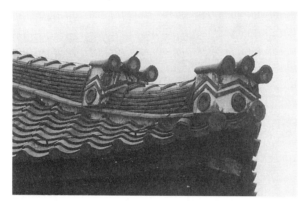

垂脊上的狮子状
脊饰与鬼瓦一样
为二层

带有立脚的狮子
状脊饰

说逆戟鲸出现于室町时代，但是关于其具体起源却依然不太清楚。从其形态来看，很可能是从鸱尾演变而来的，但是并没有显示其具体变化过程的资料。之前简单介绍过由橘正重复原仿制的唐招提寺鸱尾上写着"鲔"字，可以牵强地将其看作是从鸟演变到鱼的起源吧。

逆戟鲸很明显地呈现出海鱼的样子，有传说说它可以一口气喝干海水。如此看来，可以认为逆戟鲸是为了保护建筑物不受火灾，而把想象出来的与水有关的海鱼设计到了房顶上。逆戟鲸的广泛使用是从城郭建筑开始的，也许其雄壮的姿态正好符合了当时的时代需求吧。

狮子状脊饰

这是一种雄踞于止脊的两端和戗脊一端的箱形屋脊装饰物(狮子口)。尽管它的形态根本与狮子无关却得此称呼，据说是因为它安置在皇宫的紫宸殿正脊上的缘故。狮子状脊饰汉字又写为"紫宸口"，大概也是源自于此吧。

狮子状脊饰的基本形状是正面五角形，顶部放置三到五个檐头筒瓦状的物体。另外，在躯干正面画有山形线。位于顶部的檐头筒瓦风格的物品被称为"经之卷"，很有可能是寓意经卷的用语。画在躯干上的山形线被称作"绫筋"。被制作成箱形的侧面，一般都会填入檐头筒瓦的瓦当部，也有在此处画绫筋的狮子状脊饰。最古老的狮子状脊饰，大概可数东寺藏品吧[1]。尽管出土的是经卷的碎片，但是从巴纹的形状可以推断它是镰仓时代的制品。尽管是模型，但是仍然可以确定法隆寺圣灵院橱子顶部的木制狮子

---

1. 真言宗总本山东寺"瓦"(《新东宝记　东寺的历史与美术》205页，106图，1995年)。

状脊饰是镰仓时代的作品,经卷的纹样是巴纹。

用于垂脊上的狮子状脊饰,有时会与第一鬼瓦和第二鬼瓦的使用情况相同。当然,用于第二鬼瓦处的狮子状脊饰的底部会被挖得很深,让其呈现牢牢地骑跨在正脊上的形状。

随着时代的推移,狮子状脊饰的经卷逐渐展现在前方,其两个侧面的下端,被称为立脚,其周边被制作成云朵形状,逐渐发展为跨立于正脊上的造型。

椽木盖瓦

在双坡房顶和歇山房顶的建筑物中,会有面坡椽木长长地突出在屋檐下,因此,椽木的前端经常会受到风雨的侵袭,很容易被腐蚀。为此,从古代开始人们就想尽办法保护椽木的前端,其中最简单的做法就是将板瓦和檐头板瓦的凸面朝上,扣放到椽木上并用钉子固定。在椽木的内部,即相当于茅负角落的地方,也就是板瓦部的窄端做成直角三角形。在做工精致的物品中,有一些制作成箱形被填入到椽木中。在新堂废寺复原实例中,椽木盖瓦正面呈现兽面,顶部载有重弧纹样的檐头板瓦[1]。而在上野废寺的实例中,制作成箱形的正面与侧面呈现出蒲葵浮雕,侧面雕刻成了云朵形[2]。虽然制作精细程度不如前例,但是在法隆寺和药师寺也有制作成浅盖形的椽木盖瓦,正面和侧面都装饰有唐草纹样和花云纹样等[3]。

---

1. 大阪府教育委员会"河内新堂、乌含寺的调查"(《大阪府文化遗产调查报告书》12, 20页, 1961年)。
2. 稻垣晋也"和歌山县下出土的新资料三例"(《佛教艺术》142, 57页, 1982年)。
3. 法隆寺《法隆寺防灾设施工程·发掘调查报告书》135页, 1985年。
   奈良国立文化遗产研究所"药师寺发掘调查报告"(《同研究所学报》45, 146页, 1987年)。

但马国分寺的椽木
盖瓦为了便于搭在
椽木上被制成了盖
状

西隆寺的椽木盖瓦
将檐头板瓦的后
部削成直角作为椽
木盖瓦使用

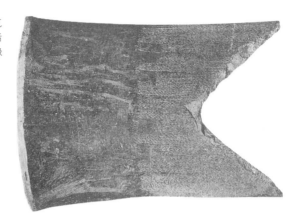

椽木盖瓦

留盖

在双坡房顶中,如果在博风(山墙顶封檐板)上使用挂瓦,为了不让被称为隅巴的檐头筒瓦的后部遭受雨淋,就需要遮挡物来覆盖其上面,为此而设计的瓦被称为留盖。由于檐头筒瓦有三个朝向,所以,留盖的下端会削出凹槽与筒瓦凸面相吻合。另外,在像瓦顶板心泥墙的拐角处那样不便防雨的地方也会使用留盖。它的形状并不只是单纯的盖形,上面还会有类似莲花、天女、鸟、狮子、财神、厨神、桃子等各种各样的装饰。这些都是佛教性的、象征吉祥的事物,而桃子则带有除魔的意思。另外,因为留盖可以覆盖房檐的角隅,所以又被称为隅盖,这与椽木盖瓦的简称"隅盖"很容易混淆。

熨斗瓦

这种瓦是一种将正脊和戗脊高高堆起的瓦。或许是因为将瓦堆起而形成的屋脊看起来像堤坝,因此在古代的史料中,还可以看到使用"堤瓦"和"隄瓦"的记录。它是将板瓦沿着长轴对半分截而成的瓦。在铺葺瓦的现场,经常可以看到用铁锤将画有线条的板瓦截成两半,将其作为熨斗瓦使用的情景。原本它是用作熨斗瓦来使用的,在古代遗迹中出土的资料里也可以看到同类瓦制品。制作者会在生瓦(瓦坯)阶段在板瓦上刻出切线,并在适度干燥后再将其截成两半烧制而成。经常可以发现熨斗瓦长边的一侧形状比较均等,而另外一个侧面却仍然留有当初切割的痕迹。这是因为熨斗瓦的一侧长边会被铺葺到屋脊中,从外面看不到其形状,所以无须精心加工的缘故。据说之所以称之为熨斗瓦,是由于其形状酷似日本人附在礼物上的装饰品(日语为"熨斗")而得名。

留盖

留盖

载着哼哈狮子的留盖被安放在短脊的两端

面户瓦

当铺葺完筒瓦和板瓦后，正脊和戗脊上的板瓦之间会产生缝隙。一般可以采用涂抹灰漆的方式进行填补，但是也有更加精细的处理方法，那就是用瓦来调整塞脊外观的技法，这种瓦被称作面户瓦。因为正脊和戗脊的板瓦所产生的瓦谷的形状不同，所以使面户瓦也形状各异。也就是说，正脊用的面户瓦是左右对称的形状，而戗脊用的面户瓦的一侧会稍微细一些。根据形状不同，前者被称为"蟹面户"，后者被称为"鲣鱼面户"。另外，后者又被称为"登面户"。面户瓦也与熨斗瓦一样，有直接制作成面户瓦形状的。做工精细的面户瓦，不仅可以遮盖板瓦的凹槽，还可以搭架到临接的筒瓦上面起到装饰作用。但是，与其相关的资料并不多见，大多都是只能填补板瓦的凹槽部分的面户瓦。在直接制作的面户瓦中，有一些好像是在筒瓦制作中途被转用的。但是，在这些面户瓦中，也会发现极其刻板的制品，虽然在制作筒瓦的过程中，按照面户瓦的规格进行了切割，但是镶边部分也直接做成了面户瓦，不禁给人一种滥竽充数的感觉。

冠瓦

被排列扣放在建筑物的正脊和戗脊顶部的瓦被称为冠瓦（雁振瓦）或者衾瓦。在7世纪后半叶的板瓦状制品中，发现了为便于叠葺而在凸起面的一端设计的镶边的冠瓦，这种瓦的形状极其特殊。在古代基本上都是将筒瓦放置在屋脊顶部，或者将板瓦的凸面朝上放置的。而在活跃于室町时代的法隆寺瓦匠橘氏制作的瓦中，发现了一些带有刮刀刻记的"衾瓦"、"伏间瓦"（相对平坦的脊瓦）字样的瓦。这一现象至少可以证明，在这个时代已经制作出了

平城宫出土的熨斗瓦

平城宫出土的面户瓦

面户瓦（蟹面户）

面户瓦（鲣鱼面户）

为此专用的冠瓦[1]。

在寺庙的房顶上,可以看见凸面朝上地摆放着与鸟衾的后部形状相同的板瓦状制品,而规模较小的堂宇,则会使用筒瓦。但有趣的是,它们广泛地使用了与古代制作相同的带有镶边的冠瓦,看来对于瓦的功能的创意,从古到今始终没有改变。一般的筒瓦的镶边,设在从筒瓦凸面一侧降低一个本体厚度的位置,而这种冠瓦的镶边,则设在从板瓦状一端的凸面一侧到抬高一个本体厚度的位置上。使用这种冠瓦的房顶,其镶边的方向基本相同,不过有时也会有以正脊的中央为界线,镶边的位置会出现左右不同的情况。这类实例中,在中间的左右两端会使用带有镶边的冠瓦。因为冠瓦是在正脊上使用的瓦,所以从下向上看的时候,是很难发现的,这一点可能是反映了制瓦人的一种喜好吧。只要留心环顾周围的话,就会发现在民居的围墙上也会有冠瓦,并且两侧都带有镶边。

鸟衾

鸟衾是叠葺在正脊和戗脊鬼瓦上的一种瓦,在檐头筒瓦的后部带有冠瓦的形状,从瓦当的上端到筒瓦部呈现出强烈的弯曲状,也就是说瓦当部被制作成高高立起的形状。另外,为了便于将瓦当悬挂在鬼瓦的上面,其颚部制作得很深。在发掘调查中,经常会有颚部稍深的瓦当部的碎片出土,很容易被误认为是称为隅巴、使用在垂脊一端的檐头筒瓦。虽然无法确定究竟何时开始制作这种鸟衾,但是在大宰府出土的鬼瓦顶部发现了用来固定冠瓦的切口,并且在平城宫也出土了与鸟衾非常相似的大型檐头筒瓦,所以可

---

1. 奈良国立文化遗产研究所《法隆寺文字瓦铭文集成》29页,1972年。

冠瓦

冠瓦

冠瓦　一字形檐头瓦的筒瓦部纹样与
难波宫的纹样非常相似

立浪状装饰瓦　在围
墙的一角使用了立浪
状装饰的冠瓦

立浪状鸟衾

立浪状鸟衾

以推测是在距今非常久远的古代就已经开始制作鸟衾了。不过，现在所常见的鸟衾形状，应该是在中世以后出现的。鸟衾基本上都会与鬼瓦同时使用，不过在双坡房顶的正脊上，也有不设置鬼瓦和鸱尾、只使用鸟衾来装饰屋脊两端的情况。除了一般的鸟衾以外，还有类似波浪形状的立浪状鸟衾。

甍瓦

这是一种装饰正脊和戗脊的瓦，或许应该只称其为"甍"更恰当。屋脊部分基本都会使用之前所提到的类似熨斗瓦、面户瓦、冠瓦等，但是在正脊的上部与下部，则会使用檐头筒瓦和檐头板瓦来进行装饰。在寺院建筑中会经常看到两种造型，一种是使用装饰有菊花纹样的小瓦片，另一种是将小形筒瓦的凹凸面交错叠插。前者称为"菊圆"，后者称为"圆形交叠"。在不同的地域，正脊的造型也形形色色。在长野县等地方，会在熨斗瓦上组合几个大型的交错圆，看起来就像镂空的屋脊一样。而防雨设施，也许在交错圆的下面就已经设计好了吧。

从描绘平安宫的画卷中出现的屋脊装饰的情况[1]，可以了解到当时是用瓦来装饰柏树皮房顶的。从平城宫皇宫遗址地域出土了小型的檐头筒瓦和檐头板瓦，普通檐头筒瓦的瓦当部直径大约是16厘米左右，而小型檐头筒瓦的瓦当部直径约为12厘米左右。檐头板瓦也一样，普通瓦当部的宽度是24厘米左右，而小型檐头板瓦的宽度是20厘米左右。可是在小型檐头瓦中，见不到与此相对应的筒瓦和板瓦。由此现象可以推断，这些是用于屋脊装饰的甍瓦。尽管无法确定究竟从何时开始使用檐头筒瓦和檐头板瓦来作为屋

---

1. "年中画卷"角川书店《日本画卷全集》24，39页，1968年。

　"石山寺缘起图"《日本画卷全集》22，53页，1966年。

上甍

下甍

各种薨

上下放薨，并在中间
放置龙的装饰板

青海波浪

交错圆与菊圆纹样

在正脊的中段，设置有家
徽的檐头筒瓦

脊的装饰物，但是可以明确的是，至少在平城宫就已经开始使用屋脊装饰瓦了。

无论是描绘在画卷上的屋脊，还是现代寺院的屋脊，大多数的甍都是用在屋脊的下端。在有关房顶介绍的书籍中，记录了关东地区在屋脊梁的上部使用甍，而关西地区则在屋脊梁的下部使用甍的情况，因此，这两种甍分别被称为上甍和下甍。在关西地区随处可以见到下甍，尽管在关东地区也有很多使用下甍的情况，但是在静冈、群马、栃木、岩手等各县还是可以看到上甍的。经过对下甍和上甍的使用区域的一番调查，明确了在香川县和广岛县也有很多使用上甍的房顶。有关甍的称谓，在东日本为上甍，而在西日本则为下甍。

橡子瓦

因为橡子的木口很容易受到风蚀，所以出于保护兼做装饰的目的，会在橡木上钉上一种在金属板上镂空雕刻纹样的橡头金属装饰来保护橡子。有时也会使用瓦制品，这就是橡子瓦。它早在飞鸟寺就已经被使用。橡子瓦的纹样大致可分为两种类型，一种是莲花瓣内没有任何装饰的无子叶单瓣莲花纹样，另一种是在莲花瓣中央装饰一条凸线的纹样。前一种类型与扶余的军守里废寺出土的纹样非常相似，因为在这种橡子瓦的中央处还留有锈迹斑斑的钉子，所以很有可能是它首先出现的。

奈良时代，在南都的各大寺庙中都常使用施釉的橡子瓦。在大安寺和西大寺有使用三彩釉描绘纹样的圆形和方形的橡子瓦，而在药师寺则出土了绿釉的方形橡子瓦。药师寺中没有无釉的橡子瓦，这也许是由于在下层橡子的前端钉上了五金装饰的原因吧。橡子瓦的形状大多是圆形，偶尔也有方形的。因为下层橡子一般都使用圆形椽子,而飞檐椽子则使用方形椽子,所以根据椽子瓦的形状,大概就可以知道该建筑使用了哪一种椽子。不过,在古代寺院中还会有两个屋檐的堂宇。因为该种屋顶未必依照惯例,所以很有可能在圆形飞檐椽子上也使用了圆形椽子瓦。虽然没有施釉,但是在井上废寺(位于福冈县小郡市井上)也出土了方形的椽子瓦,从其特意制成的方形可以判断,这很可能是使用在飞檐椽子上的椽子瓦。

除此之外,在新堂废寺(位于大阪市富田林市绿丘町)的出土文物中,还可以看到椭圆形的瓦制品。假设是将其横向使用的话,就可以断定这个建筑物使用了扇形椽子,而且由于其前端与屋檐方向保持一致,所以就可以推断它需要椭圆形的椽子瓦。当然,这种情况需要出土相同纹样的椭圆形的椽子来证实。如果将其竖着使用的话,椽子的前端会因为被垂直切断而使切口呈现竖长的椭圆形,由此可以认定需要椭圆形的椽子瓦。

施釉瓦

虽然施釉的瓦并不属于瓦的种类,但是由于它是古代瓦中的特殊制品,因此,在此也为它列一专项进行叙述。

在施釉的瓦中有绿釉、二彩釉、三彩釉、灰釉等。人们普遍认为首先是在陶器生产中模仿了唐三彩的施釉技术。可以确认具体制作年代的最古老的物品是三彩壶片,它与带有神龟六年(729年)铭文的小治田安万吕墓志同时出土。因为在兴福寺和药师寺等建于奈良时代早期的诸多寺庙中也出土了施釉的瓦类制品,所以可以断定施釉技术的传入大概在同一时期。

施釉瓦的出土地,不仅有之前提到的兴福寺、药师寺,另外还有大安寺、东大寺、西大寺、法华寺、秋筱寺、唐招提寺以及平城宫、平安京等。如上所述，从奈良时代的施釉瓦仅限于在大和、平城京内这些特定地区出土的情况来判断，可以说当时是由官方掌握着这项技术的。在《续日本纪》神护景云元年 (767年) 四月的记录中写到："东院的玉殿焕然一新，群臣皆到大殿观之。只见以琉璃瓦葺之，并用水草绘制纹样，时人称之为玉宫。"这篇记录叙述了新宫殿使用琉璃瓦铺葺，也就是使用了施釉瓦的事实。平城宫的东厢院出土了大量的绿釉瓦和绿釉屋瓦类物品，由此特征可以断定该地域是东院的一部分。

关于平城宫的其他施釉瓦，在第二次皇宫地区的发掘中还出土了三彩釉鬼瓦[1]，它与音如谷瓦窑出土的无釉鬼瓦使用了相同的瓦当笵[2]。音如谷瓦窑出土的檐头瓦，大部分都使用了与法华寺阿弥陀净土院出土的檐头瓦相同类型的瓦当笵。因为从《正仓院文书》中可以获悉，这个瓦窑是兴建阿弥陀净土院时的官方瓦窑，所以可以认定在平城宫第二次皇宫考古时出土的三彩釉鬼瓦的制作年代与其是同一时期。

在与《正仓院文书》有同院关系的史料中，有"一贯七百文飞炎木尻料玉瓦作工百七十人功人别十文"的记录，由此可以断定在同院中也使用了玉瓦，也就是施釉瓦。把施釉瓦记录成玉瓦的史料，还有相关东大寺的"丹里古文书"[3]。这是天平胜宝五年 (753年) 六月十五日和十六日计量红土时的内容，在第七十五、八十二、九十二号的包装纸上写有"玉瓦料"一词。红土是指在施釉时使用的颜料，而用包装纸来包装红土，则是制作施釉瓦的一道工序。

前面简单提及了描述平城宫东院玉殿的资料中所记载的"以

---

1. 奈良国立文化遗产研究所"平城宫遗迹发掘调查报告"Ⅶ（《同研究所学报》26，71页，1976年）。

2. 京都府教育委员会《奈良山　平城新城预定地内遗迹调查概报》Ⅲ，24页，1977年。

3. "丹里古文书"（《大日本古文书》25，129、135、142页）。

琉璃瓦葺之"，从这个记述或许可以想象当时是整个房顶都用施釉瓦来铺葺的。但是，实际上在东院地区出土的施釉瓦，与其他无釉瓦相比，其数量实在是微乎其微。施釉的筒瓦、板瓦极其罕见，反而是施釉砖的出土量更多一些。而且，出乎意料的是在出土的施釉瓦中，熨斗瓦和面户瓦尤其引人注目。如果当时果真是使用施釉瓦来铺葺整个房顶的话，施釉的筒瓦和板瓦的出土量也应该相当庞大。因此可以认为，施釉的瓦并没有用于铺葺整个房顶，就像中国西域的壁画上所描绘的建筑物一样，仅仅是被使用在了檐头、正脊、戗脊、鸱尾等房顶的边缘部分。东院所使用的砖，很有可能是墙壁的一部分，或者是在基坛（台基）内人们不会踏足的范围里，作为边缘装饰物来使用的。

在迁都平安以后，施釉的砖瓦尽管在平安京以外的地方也有些微使用过的迹象，但是基本上都是局限于都城内使用的。可以认为这一现象等同于平城京时代的惯例，预示着施釉砖瓦的使用，只局限于都城内的宫殿和官寺的事实，施釉技术主要由官方掌握，还没有普及到外部。

在此介绍两个关于施釉瓦的轶事，两件事都发生于平安时代。其中一个是关于西大寺的故事。在《七大寺巡礼私记》的"堂瓦消失情况"中记述说，西大寺的堂瓦使用了青瓷，也就是绿釉瓦，由于贞观年间的连续干旱，青瓷一点点消失，不得不将它换成了其他的瓦。另外，在《建久御巡礼记》中，还记录了这个寺院的建筑物最早是使用铜瓦铺葺房顶的，而由于贞观年间的干旱，致使铜瓦融化消失，不得不使用普通的瓦片替代之。也许绿釉看起来很像绿青色，在这些史料中所提及的流淌掉的物品，应该是铅釉的施釉瓦，因此才会被持续的日照剥落了上面的颜色。另外一个是关于万寿二年（1025 年），藤原道长欲将平安宫丰乐殿的鸱尾拆卸掉的故事。

关于这条记录,很有可能是因为该鸱尾是铅制的,所以道长在兴建新阿弥陀堂时,想要将鸱尾作为绿釉的原料而生出了如此念头的。

其他种类的瓦

除此之外,横梁瓦也可以算是一种独特的瓦。它是唐招提寺藏品,是一种带有横向鬼面纹的圆形瓦。它不能作为鬼瓦使用,而作为橼子瓦使用的话,尺寸又实在太大。由于在双坡房顶中会使用悬鱼来隐藏横梁或脊檩两端的切口,可以推断,这种瓦也可能是出于保护突出在山墙一侧的梁木切口的目的而使用的一种道具瓦[1]。之所以装饰有鬼瓦,很可能也是为了给建筑物驱邪,从而起到招福的作用。

还有一些是虽然并不归属于瓦的种类,却也可以作为小型瓦使用的瓦。在古代的瓦中,之前提到的甍瓦就是其中一例,除此之外还有与小型的檐头瓦共同使用的筒瓦和板瓦,药师寺的雨打处用瓦便可以算作其代表。其檐头瓦上装饰着与正房的檐头瓦相同的纹样,它与正房用瓦的比例大体上是三比二。使用实际的尺寸来表示檐头筒瓦的话,正房使用的瓦当部直径是18.3厘米,而雨打用的瓦当部的直径是13.7厘米。关于檐头板瓦的瓦当部的宽度,正房用是34.3厘米,雨打用的是27.1厘米。在现代的房顶中,两者有时也会被区分使用,经常可以看到分别用于正房与厢房的大型品和小型品。如果看到具有与檐头瓦相同的纹样,就会想起药师寺的实例。在古代的建筑物中,也有仅用小型品来铺葺房顶的实例,比如在南春日遗迹中,包含鬼瓦在内的所有的瓦都是小型品。

---

1. 泽村仁 "瓦"(《奈良六大寺大观,十二,唐招提寺　一》43页,1969年)。

除此之外还有木制的房顶。在不能使用瓦片的雪国地区，人们会用长方形的木板交叠铺葺成像柏树皮葺的房顶一样，并将其称作柿葺（板葺）房顶。或许人们在《长秋记》等史料中所见的"木瓦葺"，指的就是这种房顶[1]。不过，中尊寺金色堂的房顶却是标准的瓦的形状。板瓦被制作得很薄，而筒瓦看起来则像是行基葺房顶。吉野水分神社（位于奈良县吉野郡吉野町吉野山子守）楼门的房顶，乍一看好像是柏树皮葺房顶，但实际上是用木板铺葺而成的。另外，还有被称为"大和葺"的木制房顶，就是把长长的木板加工成与瓦相同的宽度，法隆寺金堂和塔的雨打部的房顶就是用这个葺成的。原本无法确定这种大和葺房顶究竟从何时开始使用，但是在进行平城宫东院地区的发掘调查时，出土了与法隆寺的塔上雨打处使用的房顶相同形状的物品，据此，至少可以明确它在奈良时代就已经存在了。后来，被复原并对外开放的平城宫东院苑地的围墙顶部，就是使用大和葺进行复原的。除此之外，还有将长木板与平线角和山墙平行铺葺的，单称为板葺房顶的建筑。

虽然时代不同，但是在冲绳地区可以见到以招福为目的的特殊的房顶装饰物，这就是被称为狮子的陶制房顶狮子像。虽然早在古代就有在建筑物上使用狮子像的习惯，但是将其设计在房顶的做法，还是从瓦房民居得以普及后的明治时期才开始的。据说早期的狮子像，是瓦匠巧妙地利用瓦的破片组合而成的，而现代使用的则是陶制的狮子像。为了抵御台风的破坏，现在使用混凝土建筑的民居在逐渐增多，在这种建筑中，人们会把一对陶制狮子像安置在门柱上，看起来就像哼哈狮子狗一样。

---

1. 福山敏男 "关于木瓦葺的名称"（《梦殿 综合古瓦研究1》18，243 页，1938 年）。

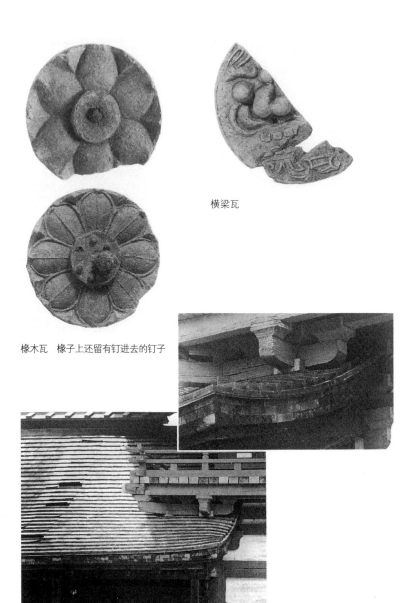

横梁瓦

椽木瓦　椽子上还留有钉进去的钉子

板葺房顶（吉野永分神社）乍一看好像是柏树皮葺房顶，但实际上使用了相当厚的木板交叠铺葺而成

药师寺正房的檐头瓦（右）与厢房的檐头瓦（左）

正房与挑檐的瓦 大小
各异的正房用瓦与厢房
用瓦

房顶上的狮子像

大和葺房顶

法隆寺金堂

法隆寺五重塔

平城宫东院复原
的大和葺房顶

此外，还可以从现代的大部分民居中看到双坡房顶的山墙侧排茸的蜷羽瓦。虽然尚不了解这种瓦是从何时起开始普及的，但是在平城宫瓦窑之一的中山瓦窑遗址中出土了类似试做品的瓦[1]。除了蜷羽的部分以外，还有用于从蜷羽到檐头部分的檐角使用的瓦，其纹样为偏行唐草纹饰。这种瓦多少有点厚，为了易于搭在底部木板上，在它的凸面沿着长轴方向设计有一定的级差形状，另外，还比较规范地制作了相当于筒瓦镶边的重合部分。不过，在平城宫遗址中并没有实物出土。也许是因为在试做过程中，发现由于增加了纹样部导致了重量增加，而只靠筒瓦是无法进行固定的，所以放弃了生产。从纹样的结构可以判断，该试做品是奈良时代中期的制品。从尼寺废寺(位于奈良县香芝市尼寺)出土了板瓦凸面有级差形状的物品，而从上野废寺(位于和歌山市上野)则出土了面向檐头筒瓦方向时右侧极端弯曲的物品。由此推测，这些瓦作为蜷羽使用的可能性极高。

从古代的资料中，虽然可以看到以上几个实例，但是依然无法确定蜷羽是从何时开始普及的。正像之前提到的一样，现代民居使用的蜷羽，与从中山瓦窑出土的蜷羽形状几乎完全一样。关于它的记录，大约存在千年的空白，尽管如此，还能设计出如此相同形状的蜷羽，实在令人感到惊奇。从类似高知城城门的双坡房顶的蜷羽中，还能看到现代风格的蜷羽瓦。关于该蜷羽瓦，究竟是在重新修建被享保十二年(1727年)的火灾烧毁的城门时进行复原的蜷羽瓦，还是在之后的修理过程中为了保护蜷羽而使用的现代风格的蜷羽瓦，无法确定。在松本城黑门的雨打处也使用了蜷羽瓦，上面还削出了排水管。但是在姬路城，并没有发现蜷羽瓦。

在房顶用瓦制品中，主要有在宝形房顶上可以见到的露盘和宝珠。

---

1. 吉田惠二、冈本东山"中山瓦窑"(《奈良国立文化遗产研究所年报》1973，30页，1974年)。

奈良山瓦窑烧制的
蟓羽瓦　被认为是
试做品

蟓羽瓦　与奈良时代的试做品
形状相似

蟓羽瓦

蟓羽瓦　装饰在面向蟓羽时
的右侧

板瓦部被制作成滴水状的蜷羽瓦　　　　没有任何加工的蜷羽瓦

用于左栈瓦的蜷羽瓦　　　　　　使用了左右檐头栈瓦的蜷羽

瓦制的露盘、伏钵、宝珠

砖

瓦类有时会被称为砖瓦类,虽然砖并不使用于房顶铺葺,在这里也简单介绍一下。所谓砖,就是日常所说的建筑用砖,是把黏土放入方格模具中定型,然后再经过干燥、烧制而成的。在西亚和中国,很多情况下都会不经过烧制,而是通过自然晾晒的方式使用。在日本,除了偶尔会使用自然晾晒的砖来搭砌瓦窑的墙体以外,通常不会使用此种方法。一般会在进行建筑物的基坛外部装饰或者铺砖时使用到砖,种类包括边长为30厘米左右的方砖,对半切断的长方形砖,这些都是砖的标准尺寸。虽然也有装饰纹样或者施釉的砖,但是这些都属于特殊的例子。施釉制品一般是在殿堂内的墙面,或者在须弥坛的外部等处使用的装饰品。除此之外,也有把波纹做成浮雕状的,这些很可能是使用在了大型橱子的底部。制砖的时候,首先会在方格的模具中填满白土并画出纹样,然后将其切割成若干份进行烧制。为了便于将绘制的纹样进行复原,工匠们会分别在切割好的瓦的背面标上序号。

作为特殊的例子,在冈寺(位于奈良县高市郡明日香村冈)先后出土了两种带纹样的砖,以及带有天人和凤凰纹样的砖[1]。两者都是边长为大约40厘米的正方形,厚度为8厘米。带有纹样面的四边,用宽度约为4厘米左右的边框进行了镶边。天人砖所展现的是一幅跪坐于地,两手捧着领巾,仰望天空的天人的浮雕。因为有一部分头发是立起的形状,就仿佛是天人从天空飞落下来时跪地的样子。凤凰砖同样用浮雕展现了一只挺立的凤凰,张开大大的翅膀,尾巴高高翘起。在凤凰的旁边祥云围绕,展现了凤凰一边呼唤祥云,一边从天空飞落而下的情景。这个特殊的砖,现在被收藏在

---

1. 森郁夫"天人砖、凤凰砖"(《日本的古代瓦》79页,1991年)。

壶阪寺 (南法华寺,位于奈良县高市郡高取町清水字高宫壶坂) 内。这些特殊的砖,究竟为何会被使用于冈寺呢? 相传冈寺是义渊僧正将草壁皇子的宫殿改建成的寺庙。如果果真如此的话,该寺的修建强烈表现出了持统天皇对于草壁皇子的莫大期待,因此它才具有不同于其他寺庙的风格,展现了与具有山岳佛教特点的固有佛教所不同的特征,同时还带有天人思想,甚至更进一步地带有密教的特征。这些纹样砖,被使用在了冈寺的须弥坛墙面等处。这些砖所展现的纹样,究竟是寓意了一个故事,还是只是想通过在各块砖上设计边框的形式来表示装饰须弥坛的一种崭新特征,尚无明确答案。

如上所述,瓦的最初目的是使用在房顶上的。但是环顾一下四周,就会发现在房顶以外的地方,它也常被使用。其中大多数瓦都是因为在铺葺房顶时掉落到了地上,从而被转用做装饰的。简言之,就是对物品进行的再利用。但是,它们却出乎意料地发挥了效用。经常可以看到用它来填补缝隙的瓦顶板心泥墙,虽说是填补缝隙,也不是将瓦随意地塞进去,而是保持一定间距的、用板瓦排成数层的瓦顶板心泥墙。由于瓦顶板心泥墙非常醒目,甚至会让人觉得非常美观。1978 年,人们在新药师寺附近的元春日大社权宫司千鸟佑佶氏宅邸进行瓦顶板心泥墙的工程时,发现瓦顶板心泥墙中包含了大量奈良时代的瓦。经过研究,确定这些瓦都是新药师寺的瓦。一般情况下,将瓦塞入瓦顶板心泥墙的做法出现于近世以后,最早也不过中世时期,而千鸟家的情况实在是罕见的例子。虽然并不知道这些瓦是新药师寺的奈良时代的瓦,但是多亏塞入瓦顶板心泥墙的瓦,搞清楚了很多事实,同时也证明它绝对不是瓦砾。

除此之外,还会经常看到被嵌入寺院参道上的瓦,切口和侧面

凤凰纹样砖　　　　　　　　　天人纹样砖

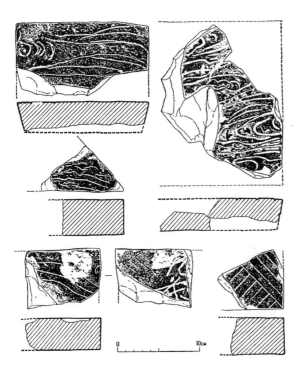

平城京出土的波浪
纹样砖

嵌入瓦顶板心泥墙中的瓦

用瓦装饰的瓦顶板心泥墙

排列着鯱的装饰物

使用了瓦的艺术作品

在中国发现的镶嵌有板瓦的路面

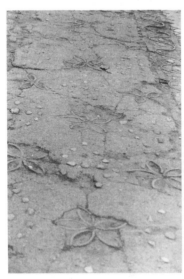

排列摆放栈瓦的雨落漕（位于大石内藏助宅邸）

朝上埋入地面。这种做法不仅有利于排水,还使参道看起来更加富有风情。参道边缘的瓦,稍微突起,起到了装饰的作用。如果注意脚下的话,就会发现瓦还被转用到了寺院内的阶梯等处,或者还会替代雨落槽的缘石被嵌入在雨沟中。

不仅如此,还有一些比较变异的使用方法,那就是在竖穴住居的窖中使用了瓦。在奈良时代与平安时代,很多人都生活在竖穴住居中。当时的竖穴住居都设计有窖,它是用黏土盖成的,偶尔也有人使用从别处弄到的瓦和黏土一起来搭建。另外,在地下的设施中也有使用瓦的情况。在发掘调查中会经常会发现在建筑物的基坛外部堆砌有瓦,或者有使用瓦来砌筑的水井。水井的平面既有圆形的,也有方形的。大多数水井都是使用板瓦搭建而成的,但是偶尔会混杂着几片檐头板瓦。当然,这些瓦都是废弃瓦的再利用,不过,由此却可以了解水井修建的年代,以及修葺堂宇的时期。

瓦的历史名称

瓦的多样化用途使得其种类繁多,以致每种瓦的名称也相当复杂,也有同一种瓦拥有多个不同名称的情况。之所以会出现这种情况,是因为这些名称大多不是学术性的名称,而是一直沿用了瓦匠的传统用语的缘故。在此有必要向广大读者说明一下,本书中也有很多类似的情况。在使用固有名称的同时,一旦再发明新的名称,并在学术论文中采用的话,就会出现围绕"学术性的名称"进行的一些争论。这些争论主要是围绕筒瓦、板瓦、檐头筒瓦、檐头板瓦的名称来进行的,争论的焦点在于是否应该使用历史名称。所谓历史名称,指的就是古代资料中出现的瓦的名称。下面将介绍几个古代的史料,对其进行简单的叙述。

昭和七年,会津八一氏对瓦的名称进行了一番整理,主张应该将古代史料中常见的瓦归纳为镫瓦、宇瓦、男瓦、女瓦等,并以此作为瓦的普通名称[1]。这一主张后来引起足立康、石田茂作、久保常晴等人的异议,经过多次争论的结果,现在学界大体分成了两派。一派主张应该使用男瓦、女瓦、镫瓦、宇瓦的名称;而另一派则主张使用筒瓦、板瓦、檐头筒瓦、檐头板瓦的名称[2]。即使现在,依然有人在学术论文中使用这两种用语。在古代的史料中,有如下的记录:

男瓦、女瓦、镫瓦、宇瓦

① 表"進上瓦三百七十枚　女瓦百六十枚　镫瓦七十二枚
宇瓦百卅八枚
功卌七人　十六人各十枚　九人各八枚　卅三人各六枚"
裏"付葺屋石敷　神亀六年四月十日穴太口　主典下道朝臣向司家"
(『《平城宫出土木简》』[3])

② "造東大寺司　牒興福寺三綱務所
応造瓦叁萬枚
男瓦玖仟枚　　　　女瓦壱萬捌仟枚
堤瓦弍仟肆伯枚　　镫瓦叁伯枚

---

1. 会津八一"关于古代瓦的名称"(《考古学杂志》22—12,1 页,1932 年)。
2. 关于瓦的名称的介绍,介绍以下几个例子。
   足立康"关于屋檐瓦的名称"《梦殿　综合古瓦研究1》18,83 页,1938 年。
   石田茂作"古瓦概说"《古瓦图鉴》解说 1 页,1930 年。
   久保常晴"古瓦名称的变迁"《考古学杂志》30—8,24 页,1940 年。
3. 加藤优"一九七六年度发现的平城宫木简"(《奈良国立文化遗产研究所年报》1977,38 页,1977 年)。

宇瓦叁伯枚　"不要"

右　限十一月十五日以前、可用件瓦、然司造物繁忙、不堪造瓦、乞察此趣、彼所令造、期内欲得、其所用人功並食料、依数将報、今以状牒、々至早速処分、以、牒天平勝宝八歳八月十四日主典正七位上葛井連根道

長官正五位上兼下総員外介佐伯宿祢今毛人　判官正六位上兼下野員外掾上毛野君真人 (『造東大寺司牒』[1])

③ 今作男瓦 (『元興寺出土丸瓦箆書銘』[2])

沓形・堤瓦

④ 造法華寺金堂所解

四百五十文借堤瓦九百枚運車九百両賃 (『大日本古文書』[3])

⑤ 堂塔房舎第二

金堂院

薬師金堂

蓋上東西金銅沓形各重立金銅鳳凰形、各咋銅鐸、蓋上中間金銅火炎一基、中在金銅茄形、居銅蓮華形、令持於金銅師子形二頭、蹈金銅雲形、又宇上周廻火炎卅六枚、並在銅瓦形、角隄瓦端華形八枚、桶端金銅華卅形六枚、各着鈴鐸等、又四角各懸鐸、堂扇並長押、在金銅鋪肱金等、(『西大寺資財流記帳』[4])

---

1. "造东大寺司牒"《宁乐遗文》中, 463页, 1962年。

2. 元兴寺佛教民俗资料研究所《元兴寺古瓦调查报告书》20页, 1973年。

3. "大日本古文书"16,285页。

4. "西大寺资财流记账"(《宁乐遗文》中, 395页, 1962年)。

标记有"今作男瓦"的
瓦(元兴寺)

以上的资料与史料均出自奈良时代。从其制作技法可以确定，元兴寺的筒瓦在元兴寺的有段式筒瓦中，是样式最古老的制品。

另外，可以获知奈良时代的瓦，被分别命名为男瓦、女瓦、镫瓦、宇瓦、堤（隄）瓦、沓形六种名称。关于这一点，已经由前辈学者将这些名称分别对应现代的筒瓦（男瓦）、板瓦（女瓦）、檐头筒瓦（镫瓦）、檐头板瓦（宇瓦）、熨斗瓦（堤瓦）、鸱尾（沓形）。为此，也有认为应该使用历史名称的看法。另外，关于筒瓦，也有人认为其横截面呈半圆形，所以应该称为圆形瓦；而关于檐头筒瓦和檐头板瓦，因为它们并不只使用在房顶的檐头，在房顶的两侧也被使用，所以应该被称为边缘筒瓦、边缘板瓦[1]。

除了以上各种瓦之外，从天平宝字六年（762年）的"造金堂所解案"中，可以见到如"飛炎木後玉瓦作工[2]"与椽子瓦相关的内容，所以也有人将在飞檐椽子上使用的椽子瓦称为飞檐木后瓦。但是，如果把用于地垂木（底部椽子）的椽子瓦也称为飞檐椽子的话，就变成了"地木后瓦"，这总让人感觉不太合适。至于古人是如何称呼面户瓦和鬼瓦的，至今尚未发现相关史料。

1. 藤泽一夫"屋瓦的变迁"（《世界考古学大系》4，日本Ⅳ，71页，1961年）。
2. "大日本古文书"16，293页。

第二章
瓦的历史

中国的瓦

在东亚，最早的瓦出现在中国。关于中国究竟从何时开始制作生产瓦，尚不明了，但却从距今相当久远的古代遗迹中出土了瓦。从瓦被发明、改良，并且可以保护建筑物免受雨水侵袭的发展历程来看，虽然只是一片瓦，却不得不让我们强烈地感受到中国文化的博大精深。

早期的瓦

根据发掘调查得以确认的最古老的瓦，是从陕西省岐山县凤雏村所在的西周早期的宫殿遗址中出土的，它可以被称为大型的板瓦。从其形状来判断，可以断定它是使用于房顶的一部分、脊顶或者L字形房屋的屋顶谷间[1]。西周早期，时间应该在公元前1000年左右，也就是距今 3 000 年前，这实在让人为

---

1. 町田章"中国的都城"（《学习日本历史考古学》上，34页，1983年）。

之惊叹。在距离上述遗址东南约2.5公里，位于召陈村的西周时代遗址中，在宫殿遗址被发掘的同时也出土了瓦。经过对这些瓦的鉴定，得出的结论是早在西周时代中期，瓦就已经进入了发展期，可以制作筒瓦和板瓦两种类型。另外，从陕西省客省庄西周晚期的遗迹中出土了凹面以及凸面上带有圆柱形、环状突起的薄型板瓦。说到周代的文物，除此之外还在陕西省扶风、岐山两县的周代遗迹中出土了凸面带有两处圆柱形突起的板瓦[1]。关于其功能，尚不清楚。随后，日趋成熟的制瓦技术逐渐传到了周边诸国，并在各个地区广泛普及。

瓦当的出现

到了西周晚期，瓦被制作得很薄，并且可以制作在筒瓦前端有纹样部，也就是带有"瓦当"的瓦。由此，装饰在瓦当上的纹样就成了后人了解瓦的变迁过程的一种途径。在瓦当发展的早期，它还只是呈现一种塞入筒瓦前端的形状，也就是圆形。现在，学者将它称为半瓦当，这种瓦当在秦汉交替时期逐渐演变成圆形瓦当。因为在秦始皇帝陵内的建筑物遗址中出土了圆形瓦当，又从前汉的天津西汉墓中出土了半瓦当，所以可以证明，这个时期正好是从半瓦当转变成圆形瓦当的过渡期。

装饰在瓦当面的纹样，半瓦当上一般是以饕餮纹、动物纹、树木纹等为主。而在秦汉时代的圆形瓦当上，会有类似"千秋万岁"、"羽阳千岁"的吉祥文字，或者还会将瓦当面进行四等分，然后在各区域内分别绘制蕨芽纹样。另外，还有将瑞鸟图案装饰在整个瓦当面上的情况。比起其他装饰有吉祥文字和瑞鸟图案的纹样，

---

1. 中国科学院考古研究所编著"沣西发掘调查报告"（《中国田野考古报告集·考古学丛刊》丁种12,26页,1962年）。

这种被称为蕨芽纹的纹样，更应该被视为寓意瑞云、云朵。除此之外，还有装饰有以青龙为代表的四神纹样的瓦。与这种檐头筒瓦不同的是，在板瓦的前端并没有纹样部，最多也不过是在檐头铺葺的板瓦上用手指压出凹文而已。

在此之后的瓦当纹样大部分已经开始使用莲花纹样。虽然尚不十分明确，但是好像在华北地区，北魏时代就已经在瓦当上使用多瓣莲花纹样，而华南地区则使用单瓣莲花纹样。南朝的檐头筒瓦基本都以单瓣莲花纹样为装饰，不过偶尔也会看到多瓣的莲花纹样。

在唐代，已经存在单瓣莲花纹样和多瓣莲花纹样，在莲花纹样的外侧还会环刻珠纹。外侧逐渐加宽的纹样，也是这个时代的特色。再过一段时间后，在中国出现了檐头板瓦，人们将其称为滴水。

从敦煌莫高窟壁画上的施釉瓦可以推测，其制作时间最晚也是在隋代。施釉瓦并不用于覆盖整个房顶，而是用在檐头、正脊、戗脊等处。也就是使用它给房顶增加边饰，为房屋突出重点对其进行装饰。到了元代，出现了绿釉、褐色釉、黄釉、青釉等各种施釉瓦，即使在当今的中国，也会看到房顶上铺葺有以上色彩的瓦。

在现代的中国也同样，并不见得所有房顶都是将筒瓦和板瓦组合铺葺，也就是在日本称之为本瓦葺的房顶。在少雨的西部，甚至可以看到仅用板瓦铺葺的房顶。根据《兴建法式》记载，古代把相当于本瓦葺的铺葺方法称作"甋瓦葺"，一般来说像宫殿、官衙、富人宅邸等主人地位比较高的建筑物，都会使用这种方法兴建而成。与此相对，仅用板瓦铺葺的房顶称作"瓪瓦葺"。其铺葺方法为：首先，将板瓦的凹面朝上铺葺，然后再在板瓦和板瓦之间，将板瓦的凸面朝上铺葺。自古就有此种铺葺方法，一般用在等级地位

中国的瓦

① 周代的瓦　② 战国时代的半瓦当（饕餮纹）　③ 汉代的檐头筒瓦（玄武）　④ 汉代的檐头筒瓦（文字标记为 "长乐未央"）　⑤ 汉代的檐头筒瓦（云朵纹）　⑥ 乐浪郡时代的檐头筒瓦（文字标记为 "乐浪富贵"）

瓹瓦铺葺的房顶（中国）

瓯瓦铺成的房
顶（中国）

瓯瓦铺葺的房顶与甑瓦铺葺的房顶（宁乐美术馆）

乐浪时代的砖

相对低下的建筑物的房顶[1]。奈良的名园,以及因依水园而名声远扬的宁乐美术馆的房顶,就是使用这两种方法铺葺而成的,这一点着实耐人寻味。

中国自古就生产砖,并将其用于墓室、宫殿、寺院等处。砖分为长方形和正方形两种,从长方形的砖上可以见到很多不同纹样与文字。例如在平面侧和切面上设计重菱纹、同心圆纹、斜交纹等种类的几何学纹样、五铢钱纹样,或者是吉祥词句、年号和地名等。在南朝的瓦中,可以见到带有之前介绍的莲花纹样,而到了唐代,就已经出现了带有诸如宝相莲花纹样等华丽纹样的瓦。

朝鲜半岛的瓦

朝鲜半岛的瓦,大体上可以划分为三个时期。

最早的时期是从公元前2世纪,一直到高句丽建立政权为止。但是,瓦的生产并没有在整个朝鲜半岛普及,而大体还是局限于北半部,其中广为人知的主要代表为乐浪的瓦。所以,理所当然的,它的瓦当纹样与汉代风格极其相似,吉祥语句、官衙名、云气纹等成为其主流。这种瓦当面大致被分成四份,并分别加有文字和云气纹。瓦当的主要文字有"乐浪富贵"、"乐浪礼官"等,在其中心部还设计有一个带有大莲子的花的中房。

第二个时期是从高句丽建立政权之后一直到新罗统一朝鲜半岛的660年代为止。这个时期,在朝鲜半岛上高句丽、百济、新罗三国鼎立,他们分别制作出了不同特征纹样的瓦。

第三个时期是新罗统一朝鲜半岛之后。统一新罗的瓦当纹样

---

1. 竹岛卓一《兴建法式的研究》3,176页,1972年。

与之前的相比发生了巨大的变化，非常奢华美丽。新罗使用的纹样，在逐渐变化的同时，也影响了后来的高丽文化。

高句丽的瓦

在乐浪故地建立政权的高句丽，是朝鲜半岛中最早生产瓦的地区，其特征是几乎所有的瓦都是红褐色。从檐头筒瓦的纹样结构可以看出，它颇受乐浪的影响。也就是将瓦当面分成4份，并在中间的中房放置一颗莲子。不过，瓦当面并不都是切割成4等分，也有6等分和8等分的。并且在每个切割区内都放有单瓣的莲瓣，其形状与其说是绽放的莲花，不如说是花蕾状更形象，可以认为是莲蕾纹。另外，在莲瓣的两侧上端还分别置有2个珠纹，这也是它的特征之一。中房也被切割成几部分，并且在每一部分都置有一颗莲子。

以上是高句丽瓦当纹样的基本情况，随着时间的推移，纹样结构也呈现多样化，出现了诸如多瓣莲花纹、正面莲花纹、将蒲葵置放到莲瓣中间的纹样，以及交替置放莲瓣与蒲葵的纹样等。中房的莲子，以中央的一个为中心，在其周围围绕了4颗、6颗、8颗莲子，另外，还有在莲瓣的周围嵌入珠纹的瓦当。除了莲花纹样以外，也有使用鬼面的瓦当。

高句丽的檐头瓦的一个特征是其中有半瓦当存在。其大多数纹样看起来颇像唐草纹的一种，其中也有蟾蜍纹样，也许正是蟾蜍纹样经过不断变化，逐渐演变成唐草纹状的。

百济的瓦

将制瓦技术传入日本的百济，在汉山城（现韩国广州地区）建立国家，之后又先后迁都于熊津城（公州）以及泗沘城（扶余）。在汉山城地区，也就是隶属于高句丽的地区发现了檐头筒瓦，至于它是否属于汉山城文物，尚不明确。一般被称作百济瓦当的单瓣莲花纹檐头筒瓦，是从南梁正统学习制作技术后烧制的吧。

关于熊津城时代是否存在百济瓦当，并没有确定的证据。其中，从公州宋山里古坟中出土的砖上记录的"梁良品为师矣"，可以认为在公州时代已经开始制作瓦[1]。也有学者认为铭文的内容不统一，存在不确定性。但是，随着近年来对公州地域调查的推进，百济瓦当的溯源逐渐变得明确。例如，在西穴寺的发掘调查中出土的单瓣莲花纹样的檐头筒瓦，与装饰武宁王陵墓室墙壁的砖上的莲花纹样非常相似。也就是说，西穴寺檐头筒瓦的瓦当纹样，并没有从中房起呈现间瓣，而是呈现出楔形构造，花瓣的边缘大幅度向上翘起的样子，让人认为是熊津城时代的物品。

另外，武宁王陵出土的文字砖"士壬辰年作[2]"，是一个可以推证百济瓦当起源的宝贵资料。如果百济与中国南朝 (梁) 的交流开始于武宁王朝的话，那么就可以认定在壬辰年，也就是512年，在圣王以前就已经开始使用瓦。不过，与下一个国都扶余出土的瓦的数量相比，熊津城出土的瓦的数量极少，关于是否存在莲花纹样壁砖，即百济瓦当，目前能够佐证的资料实在是少之又少。

泗沘城时代的莲花纹样真正展现了在日本被称为百济瓦当的形态，它是一种以威德王时代 (554~597年) 为中心的纹样结构。在莲瓣的前端中央部分，就像切了一个豁口似的将花瓣向上卷起。在泗沘城时代约120年间的瓦当纹样，几乎都呈现这种形状。当然，在百济末期也有几个与之前形象不同的瓦当，但是始终都采用了在花瓣的末端切有豁口的单瓣莲花纹样。因此，虽然很难通过

1. 国立庆州博物馆《新罗瓦砖》展图录，798 图，2000 年。
2. 国立公州博物馆《国立公州博物馆图录——公州博物馆与公州的遗迹》73 图，1981 年。

百济的檐头筒瓦　　　　　　高句丽的檐头筒瓦

纹样结构来区分其变迁过程，但是关于百济瓦当，近年也有进行编年史的尝试，并有若干成果发表[1]。另外，在这个时代还可以见到檐头板瓦，虽说是檐头板瓦，但是并没有在瓦当面装饰唐草纹，而是采用了在板瓦的宽侧留下指压痕的极其简单的纹样。此种檐头板瓦是从军守里废寺出土的。

新罗的瓦

朝鲜三国时代新罗的瓦当纹样主要受到了百济的影响，有些瓦当几乎很难与百济的瓦当纹样区分。新罗的瓦当大多数都是莲瓣相对短小，给人一种矮胖的感觉。另外，在莲瓣的中央有一条竖线也非常引人注目，这种设计可以说是受到了高句丽的影响。除此之外，还有几个特征也可以认为是受到了高句丽的影响。如莲瓣被制作成花蕾状，将中房六等分或八等分的划分法，以及在中房周围刻有沟槽的做法等。但是中房部分的莲子以中间的一颗为中心，并在周围再放置几颗莲子的形状显然是百济的特征。综上所述，古新罗的瓦当纹样，在主要部分可以见到百济的特征，而在细小的部分则可以看到高句丽的特征。可以说这一点恰好显示了与百济、高句丽两地接壤的新罗在吸取新的文化特征方面的情况。

新罗统一朝鲜半岛之后，其瓦当纹样发生了很大的变化。它在以莲花纹样为主要基调的同时，又发明了带有鸟和动物装饰的华丽纹样，形成新罗独特的瓦当纹样。关于瓦，需要特别提及的是，在这个时代已经出现了带有华丽纹样的檐头板瓦。其纹样的种类非常丰富，有忍冬纹、飞天纹、双龙纹等。另外，在颚的下面也装饰有纹样。从7世纪末到8世纪，瓦当纹样给日本的檐头瓦带来

---

1. 龟田修一"百济古瓦考"(忠南大学校《百济研究》12，87页，1981年)。

统一新罗的檐头瓦　　　　　　　古新罗的檐头筒瓦

李朝时代的檐头板瓦

了很大影响。

　　除此之外，新罗还生产出了各种道具瓦，鬼瓦也是在这个时期生产制造的。在这种鬼瓦中，有一部分的形态与日本奈良时代的鬼瓦颇为相似。例如，在近年的发掘调查中，从庆州雁鸭池出土的绿釉鬼瓦，无论是从纹样结构，还是其咬住伸出的舌头的形状都与日本鬼瓦非常相似。在统一新罗时代，不得不提及的是已经生产了大量的纹样瓦。除了各种宝相莲花纹样以外，还装饰有动物、瑞鸟、天女等图案。所以，一般认为大宰府出土的纹样砖瓦是受到新罗的影响而生产的。

　　在高丽时代，早期的瓦制品继承了新罗的特点，有很多瓦当面装饰有纹样结构的檐头筒瓦。但是，随着时间的推移，逐渐演变成简单的纹样。青瓷瓦，当属这个时代特殊的瓦。其体积稍小，很可能是使用在堂内的佛殿上。在青瓷被大量生产的时代，其制品已经普及到了瓦上，实在令人好奇。在李朝时代的檐头板瓦中，有一些下端呈下垂舌状的。这是受到中国的"滴水"影响的瓦，在日本冲绳等地也可以从城郭建筑的房顶看到受其影响的檐头板瓦。

日本的瓦

　　一排排林立的瓦葺住宅，如今已经成为带有日本风格的一道独特风景。这源于江户时代发明的栈瓦使得瓦葺房顶不断普及，同时也说明它已经融入到了人们的生活当中。从瓦房的出现到普及，跨越了千余年的时间，其中凝聚了无数活跃于该领域瓦匠们的辛勤劳作和聪明才智。日本四季分明，暑热冬寒。想要掌握可以抵御如此气候的制瓦技术，需要瓦匠们的创意与坚持不懈的努力。但是，随着时代的变化，有一些技术可能已经濒临淘汰。

本瓦(筒瓦)铺葺的房顶

栈瓦铺葺的房顶

元兴寺禅室上的奈良时代的檐头板瓦

元兴寺本堂与禅室(面前)房顶上铺葺的飞鸟时代的瓦

文字瓦
铺葺在东大寺法华堂房顶上
的瓦，写着瓦匠名字

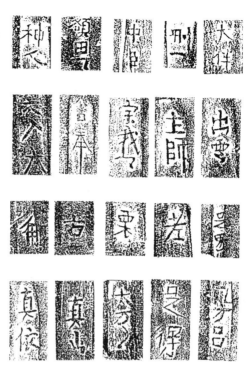

瓦匠橘氏制作的板瓦
"不知山土是好是坏，暂且为之　文
安三年九月十九日　大工祐阿弥岁
六十九　酉年"

奈良的寺庙中还留有很多古建筑物，在这些建筑物中，制作于飞鸟时代和奈良时代的瓦，如今依然铺葺在房顶上。众所周知，元兴寺本堂和禅室房顶上，至今还有一部分铺葺着从飞鸟寺运来的瓦。在禅室的檐头，甚至还可以看到奈良时代的檐头板瓦。在唐招提寺金堂和讲堂、东大寺法华堂、法隆寺东院礼堂等寺院的房顶上，有一部分也使用了奈良时代的瓦。至于镰仓时代和室町时代的瓦，只要是从古代继承了法灯的寺庙，在所有建筑物上都有所体现。但是，却很难从房顶上找到平安时代的瓦。这绝不是因为平安时代不能制造出瓦，而是由于当时技术低下，无法保留到现在。制瓦技术再次得以提高，是在进入镰仓时代以后。

如若追溯日本制瓦历史的大致演变，便可以发现几个划时代的时期。就像之前提到的栈瓦的发明等，可以说是在其演变中非常重要的一环。下面就按照顺序详细论述。

自从日本开始生产瓦，最早的大事件当属檐头板瓦的创意，有关这一点稍后再进行详细叙述。在创建法隆寺（若草伽蓝）之际，开始了瓦的制造，之后紧接着在坂田寺，也使用了非常相似纹样的瓦。

下一个划时代的代表，是从板瓦的卷筒制作到单片瓦制作的转变。这个转变并不是在全国范围内同时进行的，而是首先在畿内（邻近京城地域）、从藤原京迁都到平城京时发生了上述变化。这一变化的主要原因，可以认为是为了应对大量生产。也就是说，在桶形成形台上卷上四张板瓦大小的黏土板，或者卷起黏土带的操作，需要相当熟练的技术，由此才发明了由一个瓦匠便可以轻松进行操作的单片瓦的制作。最近的研究成果证实了以下事实，就是在桶形模具上卷上黏土时，不是使用相当于四张板瓦大小长度的黏土板，而是将两张板瓦大小的黏土板，配套成二枚桶形制作的。如此一来，对熟练度的要求便降低了很多。可以确定从同时制作四片瓦到单片瓦制作的转换出现于平城迁都时期，由此不得不说，是出于大量生产的必要性，才出现了单片瓦制作的技法。

室町时代的瓦制品出现了如下的变化：从参照之前的模具制作瓦，变化为可以制造立体的鬼瓦，以及制造出悬挂式瓦。在这个时期，已经开始出现独立作业的瓦匠，其中代表人物当属活跃在以法隆寺为中心的区域的瓦匠橘氏。根据其刻在瓦上的铭文，便可以了解瓦匠们在制作瓦的过程中所下的功夫[1]。单以选土为例，资料中就记录了他曾尝试用山土来烧制瓦的情况，还有尝试将法隆寺西室的土与福井的土，各用一半混合后制造瓦的情况。

到了日本的战国时代，城郭建筑的出现使得瓦匠在瓦的正脊上开始装饰鯱，可以说正脊的装饰物从鸟形鸱尾变化成鱼形的鯱是一个巨大变化。不仅如此，还开始在城郭建筑上使用与中国的滴水相似的檐头板瓦，也可以说具有划时代的意义。不过，相同的装饰虽然在寺院中也有使用，但是更多的还是使用在城郭建筑的房顶上。或许是由于其形状特别的缘故，城郭建筑所使用的形状与现在民居的蛦羽很相似。在这一章节如果再添加一些相关城郭建筑所带来的变化内容的话，自然会涉及瓦当纹样。虽然这一内容有些偏离此章节，但是确实出现了将代表家徽的纹样用于装饰城郭建筑的瓦当纹样的情况。在城郭建筑的房顶瓦上，随处可以看到各战国大名的家徽。除此之外，虽然属于特例，也有用金箔来装饰瓦当面的檐头瓦。最初采用此种做法的好像是安土城，之后逐渐普及到其他地方。目前已经从几个遗迹中发现了"金箔瓦"，但是让人颇感兴趣的是，安土城的金箔并不是贴在了纹样上，而是在其"房顶底部"贴有金箔。在聚乐第等处，只要是檐头筒瓦，就

---

1. "法隆寺瓦砖铭文集成"《法隆寺的至宝　瓦　昭和资材帐》15,465页。

　　天沼俊一《日本建筑史图录　室町》471页，1968图，1937年。

悬挂式檐头板瓦

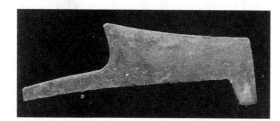

檐头筒瓦凹面上的栈可
以挂到檐头板瓦两端的
鱼鳍状突起处

设计在凸面的栈可以搭
挂在瓦座上

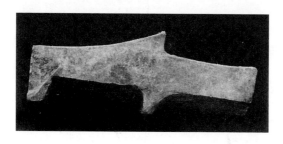

会在巴纹、珠纹、外缘等处，还有檐头板瓦的唐草纹、珠纹、外缘等凸出的部分均贴有金箔，而金箔的贴法与安土城完全相反。

下面将要介绍的一种变化是，檐头板瓦的两个边缘侧不再装饰纹样。在日本，自从发明檐头板瓦以来，在大约一千年的时间内，檐头板瓦的纹样都一直被施加到两侧边缘部的末端。但是，实际上两侧边缘部都会被檐头筒瓦所掩盖，也就是说，这部分其实没有必要施加纹样。那么究竟在何时才发现了这一问题？虽然尚无定论，但是在江户时代早期的檐头板瓦中，已经有一些两侧边缘没有纹样的制品。到了江户时代，日本出现了栈瓦。正如之前已经叙述过的那样，栈瓦的发明使得日本的瓦葺房顶得以普及。与此同时，建筑物本身也增加了出于防火目的而设计的土仓结构。所谓土仓结构就是在建筑物的墙壁上，将瓦状的板瓦一直贴到齐腰处，然后在其接缝处涂上灰泥的方法。从此这种"菱纹墙"，又创造出了一道日本式风景。

如果再详细列举的话，虽然此外还有几个需要叙述的事项，但是，大致的变化过程就是这样。

早期的瓦制作

在日本，瓦的生产始于崇峻元年（588年），制瓦技术是由百济人传入日本的。根据《日本书纪》的记载，当时除了两名寺工、一名露盘博士、一名画工以外，还有四名瓦博士来到了日本。这四类共计八人的工匠集团的到来，成为创建飞鸟寺的契机。在《元兴寺伽蓝缘起并流记资财账》上也可以看到同样内容的记载，在此记载上，他们被称为露盘师、寺师、瓦师、书（画）匠。两本史书上记载的工匠名字极为相似，而且各个领域工匠的人数也一致，所以，可以认为工匠集团来自百济一说是历史事实。

下面介绍一下在《日本书纪》中记载的最早来到日本的瓦匠名字，括号里的内容是记录在《元兴寺伽蓝缘起并流记资财账》上的名字。他们分别是：

麻奈文奴（麻那文奴）、阳贵文、陵贵文（布陵贵）、昔麻帝弥四人。

另外，在《元兴寺资财账》上还记录有他们带来了"金堂样本"的内容[1]。尽管这是一个金堂的模型，但也很有可能充分展现了房顶瓦的形状。现在留传到元兴寺的五重小塔的塔顶，就很好地展现了其特点。因为飞鸟寺有中金堂和东西金堂，所以无法确定是究竟哪一座参照了当时的"金堂样本"，也有可能当时有过两种金堂模型。东西金堂只是我们现在的称呼，当时也许是以其他名字称呼的。无论属于哪一种情况，因为在《日本书纪》上并没有详细记录这些内容，所以，当时没有留下记录的这些技术，也只能认为是从百济传来的了。如果果真有传入日本的"金堂样本"的话，那么与瓦的生产相关联的、类似瓦当笵的制瓦道具也应该是由百济传来的。

对于当时的人们来说，因为飞鸟寺的兴建工程完全是一个从未体验过的崭新工程，所以，只靠这八名工匠来进行这项工程是基本不可能的。很有可能是在他们的指导下，出现了很多方面的技术人员。另外还有一点很值得我们注意，那就是来自百济的八个工匠中，有一半是与制瓦相关的技术人员。在寺院建筑中，瓦是不可或缺的，不仅要包含掌握制瓦技术的工匠，还需要掌握兴建瓦窑的技术，以及在房顶葺瓦的各种技术人员。当时在生产瓦的过程时，很可能也培养出了许多新的技术人员。首先被培训的应该是制作古陶器的工匠们。在飞鸟寺出土的板瓦中，发现有一些凹面

---

1. "元兴寺伽蓝缘起并流记资财账"（《宁乐遗文》中，35页，1962年）。

"滴水"状的檐头板瓦

两端没有纹样的檐头板瓦

棱纹墙

飞鸟寺创建期的檐头筒瓦　　　　　扶余、扶苏山废寺的檐头筒瓦

可以看到同心圆纹样的板瓦（飞鸟寺）

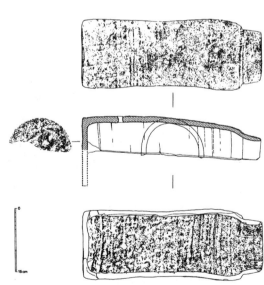

神前窑遗址出土的檐头
筒瓦

上带有同心圆纹的瓦。在成形台上制作板瓦时,需要进行修补欠缺部分的二次成型过程。在板瓦的凹面一侧留有"雕刻道具"的压痕,雕刻同心圆的道具是制作陶器的工匠们日常使用的工具,由此可以推断,在早期的制瓦阶段,制作陶器的工匠被动员加入了这一项工作,并且从来自百济的瓦匠那里学到了制瓦技术。

创建飞鸟寺时期所制造的檐头筒瓦的瓦当纹样与被我们称为百济瓦当的,也就是在以扶余为中心的地域所看到的瓦当纹样非常相似。除了莲花瓣有十瓣以外,莲瓣的形态完全可以说是百济瓦当纹样的翻版,从这一点也可以证明百济来的瓦博士将制瓦技术传到日本的历史事实。在这个时期,日本首次兴建了带有基石的建筑物,可谓是日本建筑史上一件意义重大的历史事件。与此同时,当时在日本首次生产瓦的事实,对于后来的日本制瓦技术的历史来说也是一个重大事件。根据对飞鸟寺的发掘调查已经证明,在兴建该寺庙时使用了几种不同类型的瓦,并且其制作技术也得以确认。不言而喻,文物所反映的内容,主要都是以当时的百济地区为中心的地域的。因此,通过飞鸟寺的瓦,还可以了解到当时朝鲜半岛的瓦的发展情况。

在此,顺便介绍一下飞鸟寺的瓦。在平城迁都之际,飞鸟寺的有些建筑物也被移建,瓦也就与此相随,被搬运到了新地方。昭和三十年代,在进行元兴寺极乐坊本堂和禅室的解体修理过程中,从房顶上拆卸下来的4 413块瓦中发现有14%(约600块)是从飞鸟寺运来的。另外,竟有4%(约170块)的瓦是飞鸟寺创建期的瓦[1]。它们竟然在这里经受了1 400年的风霜洗礼,足以证明当时制瓦技术之精湛。

---

1. 奈良国立文化遗产研究所"飞鸟寺发掘调查报告"(《同研究所学报》5,35页,1958年)。

① 寺谷废寺的檐头筒瓦
② 平等坊岩室遗迹的檐头筒瓦
③ 庆州皇龙寺的檐头筒瓦
④⑤ 隼上瓦窑出土的檐头筒瓦

军守里废寺的檐头瓦

带有手雕忍冬纹样的檐头瓦
上：若草伽蓝　下：坂田寺

提到早期的瓦制作，就不得不提及飞鸟寺的瓦，也不得不强调它的技术是由百济传入的事实。正如前面所介绍的那样，在《日本书纪》和《元兴寺伽蓝缘起并流记资财账》中也有相关记录，其史实的可靠性已经得以证实。但是，文化的流入并不会只是经由某一种特定的途径，而应该存在多种途径。翻阅飞鸟寺兴建时期的资料，经常被提及的是神前窑遗迹（位于福冈县太宰府市吉松字神前）的出土品[1]。在这些出土文物中有筒瓦、板瓦、檐头筒瓦，从窑迹中一同出土的古陶器的年代来判断的话，它们应该属于6世纪末的制品。经过对瓦的研究发现这些瓦没有使用成型台，而是采用了与制作土器相同的方法，也就是通过卷起黏土带制作成形的。虽然檐头筒瓦上有瓦当部，但是并没有纹样，也许在他们当时所掌握的知识中，瓦就应该是这种形状的吧。根据近年来的研究结果，我们已经确认了其瓦的供给地并不是寺院。在九州地区的伊藤田窑遗迹和大浦窑遗迹出土了瓦制品，通过与其同期的古陶器比照，确认了它们是生产于6世纪末到7世纪早期间的瓦制品。现如今，尚不清楚两者的具体供给地。但是，九州作为接受外来文化的窗口之一，有朝一日，会在这里发现成型于7世纪早期的瓦。

关于不同途径技术传播，可以以寺谷废寺（位于埼玉县比企郡滑川村大字羽尾字寺谷）为例[2]。在这里采集到了两种檐头筒瓦，其瓦当纹样具备了比较古老的元素。其中一种瓦当纹样的子叶非常纤细，所以可以认为其制作年代较晚。另一种纹样与百济瓦当具有相同结构，所以被认为很可能是与飞鸟寺创建期的檐头筒瓦

---

1. 太宰府町教育委员会"神前窑遗迹　福冈县筑紫郡太宰府町吉松所在窑遗迹的调查"（《太宰府町文化遗产调查报告书》2,36页,1979年）。
2. "滑川村寺谷废寺"（埼玉县史编撰室《埼玉县古代寺院遗迹调查报告书》65页,1982年）。坂野和信"日本佛教导入期的特质与东国社会——关于其历史背景与变革"（《埼玉考古》33,105页,1997年）。

相近年代的制品。从寺谷废寺出土了多个这种檐头筒瓦，另外还采集到了大量的筒瓦和板瓦，所以自然就会联想到该处有遗址存在的可能性。但是，令人遗憾的是目前还没有进入发掘调查阶段。如果能够确认它是寺院的遗构的话，就有必要再次探讨日本寺庙兴建技术的传入形态。

另外，从平等坊岩室遗迹（位于奈良县天理市平等坊町）出土了檐头筒瓦，其元素却与创建飞鸟寺期使用的瓦制品完全不同[1]。莲花瓣为宽大的六瓣结构，在莲花瓣的中央有一条凸线。而且，它的花瓣区和外缘的间隔很大，外缘也很宽。这种特征绝对不是百济瓦当的特征体现，很明显是受到古新罗影响的反映。在新罗的古都庆州皇龙寺和雁鸭池出土的古新罗时代的檐头筒瓦上，也可以看到与此形态相同的瓦当纹样。由于古新罗瓦当纹样的编年还没有确立，所以很难确定平等坊岩室遗迹出土的檐头筒瓦的年代。但是有一点可以确定的是，在新罗统一朝鲜半岛以前，制瓦技术就已经从新罗传到了日本。

若以此种视角来关注瓦当纹样的话，就会发现有很多带有百济系瓦当纹样以外元素的瓦制品。一直以来学界都认为除了百济系瓦以外，还有高句丽系瓦存在，丰浦寺和中宫寺的檐头筒瓦便是其代表实例。细长的莲花瓣中间带有一条棱线，花瓣中间的珠纹以及楔形间瓣，这些都是高句丽系瓦当纹样的特征。具有百济元素的日本瓦当纹样与百济纹样极其相似，与此种现象相对照的是，它与高句丽系的瓦当纹样相差甚远。关于这一点，有人认为是因为高句丽元素是经由百济传来造成的。也许，文化的传播原本就是如此。但是，在7世纪前半叶的瓦当纹样中，还有一些既不属于百济系，也不属于高句丽系的纹样。新堂废寺和片冈王寺（位于奈

---

1. 天理市教育委员会《平等坊岩室遗迹　第八次发掘调查概要》，1991年。

良县北葛城郡王寺町本町）的实例便是其典型反映。这些瓦当纹样在中房的周围都环刻有很深的小槽,这种情况在百济和高句丽的檐头筒瓦中并无所见,而在古新罗檐头筒瓦的瓦当纹样中才有。

在日本7世纪上半叶的檐头筒瓦中,有与古新罗檐头筒瓦的瓦当纹样非常相似的瓦制品。如果以此种观点来列举古新罗瓦当纹样的话,可以归纳出以下几种特点:

莲花瓣没有子叶,有些莲花瓣比较宽,有些花蕾的前端细窄;

有些莲花瓣为凹瓣;

莲花瓣的数量以八瓣为主,但是六瓣结构的比较突出;

在莲花瓣的中间纵向突起一条凸线;

在莲花瓣内装饰有蒲葵;

有些瓦当的中房部分被制作得很大;

中房内呈放射状被切割成若干份;

在中房的周围,环刻有凹槽;

花瓣区域和外缘的间隔比较大;

外缘部分很宽。

在这些特点中,可以说无子叶的单瓣莲花纹样是受到了百济的影响。另外,莲花瓣被制作成花蕾状、在莲花瓣的中间突起一道凸棱、中房呈放射状被切割等,这些元素都是受了高句丽的影响。由此当然可以想象,得到百济和高句丽两者影响而形成的古新罗瓦的纹样与技术,会对日本产生何种影响[1]。能够反映这种典型实例的便是平等坊岩室遗迹的资料。日本早期先后创建了飞鸟寺、法隆寺、丰浦寺、坂田寺、高丽寺(位于京都府相乐郡山城町大字上伯)、北野废寺(位于京都上京区北野町)、四天王寺(位于大阪市天

---

1. 森郁夫"瓦当纹样中反映的新罗要素"(京都国立博物馆《畿内与东国的瓦》215页,1990年)。

王寺区元町）、船桥废寺（位于大阪府柏原市船桥）、新堂废寺等寺庙。虽然无法确定这些寺庙当时是否都已竣工，但是从这些寺庙出土的檐头筒瓦还是可以发现从飞鸟寺到法隆寺、再由法隆寺到四天王寺的技术传承。由此可以确定，不仅瓦的供给会出现困难，只靠兴建飞鸟寺时期的技术人员，也会应接不暇，无法顺利进行寺院兴建工程的。所以正如前面所述，除了百济以外，一定还有来自其他地方的技术人员参与了工程。

众所周知，日本早期的制瓦技术是从朝鲜半岛传入的，在这里需要强调的是，正是这个时期出现了檐头板瓦。在创建飞鸟寺时期，还没有制作出檐头板瓦，因此可以说明檐头板瓦的制作技术并非由百济传入。制瓦技术传入日本之前，在中国大陆和朝鲜半岛的板瓦中，有一种在宽侧凸面的前端施加波浪形压痕的板瓦。很明显这是使用在檐头的板瓦，但是却不见在板瓦上添加瓦当部，并在此处装饰纹样的实例，也就是说还没有证实真正的檐头板瓦存在。可是在法隆寺和坂田寺，却使用了装饰有纹样的檐头板瓦。经过研究，确认法隆寺的檐头板瓦是与其创建时期的檐头筒瓦同时出现的。关于法隆寺的创建年代，通过对檐头筒瓦的研究，普遍认为是在710年左右，由此可以断定，檐头板瓦就是在那个时期诞生于日本的。关于坂田寺，虽然尚不明确其是不是7世纪上半叶的寺院遗构，但是却出土了与飞鸟寺创建时期的檐头筒瓦同范品的檐头筒瓦。而与檐头板瓦相伴的檐头筒瓦，则好像是属于下一个阶段的单瓣七瓣莲花纹样的檐头筒瓦。无论法隆寺的檐头板瓦，还是坂田寺的檐头板瓦，二者的纹样都是反转的蒲葵。其中，法隆寺的纹样以七叶蒲葵居多，而坂田寺的则以三叶蒲葵纹样为主。这种纹样的细小区别，给人一种设计者是在有意区分使用的感觉。由此可以认为，这两种檐头板瓦的制作时期应该是同样的。

兴建工程与瓦

　　到了7世纪的第二四半期[1]，除了畿内以外，其他地方也都开始兴建寺庙。据《日本书纪》记载，在第一四半期末的推古32年（624年），当时的寺庙数量已经多达46个。有关其具体情况实难把握，包括遗迹在内，以飞鸟寺为首目前已经确认的有70%。概观这个时期的寺庙，既有具备七堂伽蓝的宏伟壮观的寺庙，也有一些没有瓦葺房顶的埋柱式佛堂建筑。

　　进入7世纪第二四半期后，寺庙的数量继续不断增加，这一点从各地出土的瓦的情况便可以得到证实。这些寺院的主要代表有，在大和地区朝廷初次建立的百济大寺，以及山田寺、法起寺、西安寺（位于奈良县北葛城郡王寺町舟户）等。暂且不管百济大寺是吉备池废寺（位于奈良县樱井市吉备），还是木之本废寺（位于奈良县僵原市木之本町），不变的事实是从此处出土了全新纹样结构的檐头筒瓦。另外，从同范品的存在情况判断，可以认为堂塔是从吉备池废寺迁移到木之本废寺的，该寺院的规模绝对是未曾有过的。

　　除了大和地区以外，还有山背地区的久世废寺（位于京都府城阳市久世）、普贤寺遗迹（位于京都府京田边市上寺）等；河内地区的西琳寺（位于大阪府羽曳野市古市）、野中寺（位于大阪府羽曳野市野々上）等。近江地区也有创建于古代的很多寺庙，其数量80有余。虽然大多寺庙都无法确定其创建年代，但是从小川废寺（位于滋贺县神崎郡能登町小川）、大宝寺（位于滋贺县高岛郡新旭町熊野本）、衣川废寺等处发现了7世纪上半叶的瓦。另外还有西国地区的小神废寺（位于兵库县龙野市揖西町小川）、须惠废寺（位于冈山县邑久郡长船町西须惠寺村）、幡多废寺（位于冈山市赤田

---

1. 四半期，日文原意为①一年的四分之一时间，即"一个季度"的意思。②四分之一的意思，本章节中的"四半期"应指一个世纪的四分之一，即25年之意。——译者注

塔元) 等。以上列举的寺庙，并没有掌握它们的全部实际情况，其中包括一些通过出土的瓦来大致推测出有创建可能性的寺庙。如上所述，各个地区广泛开展的寺庙营建活动，同时也向世人预示了制瓦工匠的增长趋势。在以上列举的寺庙中所使用的檐头筒瓦的纹样各不相同，即使都是单瓣莲花纹样，其莲花瓣的形态也各具特征。另外，还可以看到莲花瓣和蒲葵的组合纹样。由此种现象可以断定，在各地积极进行制瓦活动的同时，极有可能从其他地方传入了新的元素。

到了7世纪下半叶，寺院的创建事业越发兴盛。之所以会出现这一现象，是因为除了朝廷的方针以外，还有各个氏族间竞相兴建寺院的缘故。大化元年 (645年) 八月，孝德天皇颁布诏书告知天下，对于那些意欲兴建寺庙却又能力有限的豪族，自己将亲自给予援助。此举说明推倒苏我氏后，朝廷已经基本掌握了寺庙兴建的技术。也就是说随着苏我氏的灭亡，至少飞鸟寺、丰浦寺等寺庙已在朝廷的管理之下了。在此两年前，由于上宫王家的灭亡，以法隆寺为首的与上宫王家有关联的几所寺庙也很可能归与朝廷管理。与此同时，参与寺庙兴建的相关工匠们也被朝廷掌控。通过以上事例，可以推测出朝廷欲通过寺院，也就是佛教来达到支配各贵族的意图。根据《扶桑略记》记载，持统六年 (692年)，经统计获知全国已有545所寺院。通过这一数据，我们不仅可以了解天武、持统两朝大力推行的佛教政策，同时还可以确定在全国范围内进行寺庙兴建，以及由此带来的制瓦技术得到广泛普及的事实。

如上所述，瓦的制作技术是与寺院兴建事业同时在全国各地得以普及的，但同时也说明，该技术的普及是借助官营建筑事业的力量的。除了寺院以外，其他建筑物开始使用瓦葺房顶是在过了很久以后的持统朝兴建藤原宫之际。其实朝廷很早以前就有兴建瓦葺房顶宫殿的打算。在《日本书纪》齐明元年 (655年) 十月的记载中写着"在小垦田兴建宫殿欲用瓦葺之。又，取自于深山广谷中的宫殿建材，多有容易腐烂之物。遂弃之、作罢"几句。当时的宫殿建筑，采用的都是埋柱式建筑。在7世纪下半叶的宫殿建筑中，也有一些大规模的建筑。如果使用瓦葺房顶的话，那么数十吨的重量加到建筑物上后，就会导致不同程度的下沉。所以，虽然史书上记载的是没有找到合适的建材，但很可能是因为建材无法承受瓦的重量，才致使小垦田的瓦葺宫殿建造无法进行的。

日本古代最早实际建成的瓦葺房顶宫殿，正如《扶桑略记》持统天皇条中记载的"自天皇代，官舍初次使用瓦葺"，是从藤原宫的建筑物开始的。通过发掘调查，已经确认藤原宫内确实有瓦葺建筑物的事实。当时的瓦葺建筑物，主要以大极殿为首的朝堂院地域和宫城门为中心，此处兴建了具有中国风格的景观。从飞鸟地区的宫殿建筑遗址中，出土了数量非常少的瓦，这一点足以证明，瓦葺宫殿的建筑确实起源于藤原宫兴建时期。也许正是采用这种埋下基石并在上面立柱的寺庙建筑方法，才使得藤原宫的瓦葺宫殿得以实现。当时为藤原宫提供瓦的生产地遍布广泛区域[1]。之所以会出现这种现象，与其说是因为在宫殿建筑中首次使用瓦，不如说是因为当时的制瓦体制尚不完善而造成的。通过对这些瓦的详细观察，逐渐明确了它们的生产地。

在藤原宫建设早期所用瓦的瓦窑，除了建在距离藤原宫很近的地区以外，有些还建在了近江、阿波、赞岐等较远的地区。其中还有一些瓦当范，也被认为是源自其他地方的。与此现象相反，还有类似把在藤原宫附近的瓦窑生产宫殿所用瓦时使用的瓦当范运

---

1. 奈良国立文化遗产研究所"飞鸟、藤原宫发掘调查报告" I (《同研究所学报》2783 页，1976年)。奈良县立橿原考古学研究所附属博物馆《7世纪后半的瓦制作》展图录，1999年。

到尾张等地的情况，显示出很复杂的流动倾向。

在比藤原宫更古老的宫殿——斑鸠宫遗迹中也出土了瓦，这些瓦很可能是用在了宫内小规模的佛殿建筑上。

关于究竟从何时开始兴建瓦葺官衙建筑的问题，目前尚无法确定。在各地进行的国厅和郡县厅等古代官衙遗迹发掘调查中，虽然也都出土了大量的瓦，但是其中并没有早于藤原宫的瓦。从天平十年的《骏河国正税账》和同十一年的《伊豆国正税账》中，可以看到有几栋"瓦仓"存在。所谓正税账，就是指在律令体制下，国司每年向太政官提交的反映以水稻为中心的谷物的储藏和收纳，以及运用情况的报告书。这些文件上记录有像谷仓、颖仓、糒仓、粟仓、盐仓这样根据收纳物品而命名的仓库。也有像板仓、圆木仓那样根据墙壁的构造而命名的仓库。其中可见瓦仓的名字，它应该不是指收纳瓦的仓库，而指瓦葺的仓库，很可能就是将柱子立在基石上的。但是，在伊豆的例子中，却可以看到特意标注在瓦仓上的"无礎"二字[1]。也许官衙当时兴建的早期政厅建筑，即使是瓦葺也依然采用了埋柱式建筑。

进入8世纪以后，瓦的生产体制发生了巨大的变化。伴随着平城迁都，大量生产的体制得以确立。在兴建藤原宫时，虽然瓦的生产主要是以飞鸟地区为中心，同时还在大和的几个地区建立了瓦窑，从而推进了瓦的生产制造。但是也会有从距离京城很远的地区特意搬运过来的瓦制品，例如香川县宗吉瓦窑生产的瓦。虽然随着大官大寺和药师寺的兴建，出现了官府营建的瓦窑和工坊，但是，很可能因为兴建寺庙宫殿的机构与其属于不同的机构，因而无法从兴建寺庙的机构得到瓦的供给，所以才不得不从远处搬运而

1.《宁乐遗文》上，229、235页，1962年。

来。不管是属于哪一种情况，朝廷为了兴建寺庙掌控了大量的瓦匠。因此，也就只好在各个地方生产兴建藤原宫所使用的瓦。

藤原定都仅仅十多年后，朝廷又开始了平城迁都的准备。万事俱备，就连瓦的生产也已经准备了新的供给机构。于是，在平城京北方的奈良山丘陵地带建起了瓦窑。根据测算，单单平城宫一处，就需要500万块以上的瓦[1]。承担建设平城宫的造宫省计算出了瓦葺建筑的房屋数量，以及所需资材，当然也包括瓦的数量。以这些计算为参照，在奈良山丘陵上兴建了瓦窑，也就是出现了一个大工厂群。伴随平城迁都兴建的大安寺、药师寺、元兴寺的瓦窑，也很有可能兴建在奈良山丘陵上。造宫省和造寺省虽然属于不同的机构，但是早期的兴福寺瓦窑却建在了奈良山丘陵上，由此，可以认为其他寺庙也有相同情况。不过，翻看《大安寺伽蓝缘起并流记资财账》就会发现，在"处处庄"的"山背国三处"的相乐郡部分写有"棚仓瓦屋"。棚仓隶属于现在的京都府相乐郡山城町之内，与大安寺的距离大约是12公里。

进入8世纪中叶，造瓦事业开始在全国盛行。之前尚未有瓦生产的佐渡、壹岐等小岛地区也开始了瓦的生产，这些都是以兴建国分寺为契机进行的。关于国分寺的瓦，有必要在这里重新强调一下，其兴建工程在很多小属国进行得并不顺利。政府为了推进工程，很可能向各个进度落后的地域派遣了技术人员，这些事实反映到了瓦上。这种技术援助既有政府直接提供的，也有以某个属国为中心，依次进行的。因此，在国分寺的瓦中，即使是同一种瓦，也可以看到混有多种技术的情况。从这些瓦的情况，就可以看出国分寺的兴建工程有些仓促。在奈良时代的瓦中，值得注意的一点就是出现了施有釉的

---

1. "瓦与其生产"（朝日新闻社《发掘10周年纪念　被掩埋的奈良都城　平城宫展》，1969年）。

长冈宫的檐头瓦

制品。从平城宫和京城内的多处寺庙出土了绿釉、二彩、三彩的砖瓦类,这些说明当时建筑物的装饰元素已经增加了很多。

延历三年 (784 年),朝廷又进行了长冈迁都。虽然是新都城的建设,但是从瓦面来判断的话,很难说其生产活动开展得有声有色。在对长冈京地域的发掘调查中发现,当时包括长冈宫在内所使用的瓦中,带有独特纹样的檐头瓦的种类并不多见。檐头筒瓦、檐头板瓦的瓦当纹样也只不过几种而已。在出土的大量檐头瓦中,可以确定有很多是从难波宫和平城宫搬运过来的转用瓦。长冈宫的檐头瓦所具有的这种特征,说明以筒瓦和板瓦为中心的各种瓦制品都是从难波宫和平城宫搬运而来的。

不仅长冈宫使用了转用瓦,在平城迁都时,也从藤原宫搬运来了很多的瓦。兴建平城宫时,这些转用瓦基本用在了皇宫城门和围墙等宫城的外围地区。而在兴建长冈宫时,宫内的主要地区也有使用这些转用瓦。也就是说在朝堂院地区使用了难波宫的瓦，而皇宫地区则使用了平城宫的瓦，通过这种方法来保证了长冈宫的用瓦供给。关于纹样的种类大致如下：取自于难波宫的檐头筒瓦、檐头板瓦的种类各约二十种；取自于平城宫的檐头筒瓦种类超过四十种，檐头板瓦约有六十种。由此可知，在长冈宫的兴建过程中使用了大量来自他处的瓦。很有意思的是，在檐头瓦中还包含有藤原宫式的瓦。虽然这是经由平城宫转用到长冈宫的，但这一事实也足以说明藤原宫所用瓦的质量，即使经过了近百年的时间，仍然可以继续使用。

　　大量的瓦被搬运到长冈宫的现象，说明其他资材也被同时搬运到了长冈宫，或者是一些建筑物被解体后在长冈宫经过重新组合再次使用的事实。史料中也有关于在延历十年 (791年)，朝廷命令以越前国为首的八个属国将平城宫的各个门搬运到长冈宫的记载。这里所指的各个门很可能就是指宫城门，藤原宫式的瓦也可能就是与这些宫门一起被搬运到长冈宫的。

　　朝廷将都城搬到长冈后，又于十年后的延历十三年 (794年)，将都城迁移到了山背葛野地区，也就是后来的平安京。平安宫也与长冈宫一样，有很多来自难波宫和平城宫的转用瓦。这一现象反映了从长冈迁都到平安之际，很多建筑物也都随之被迁移到平安宫的情况。当时，虽然也修建了供应平安宫的瓦窑，但与兴建平城宫时期不同的是，它们并没有集中修建在同一个地方。作为平安时代早期的瓦窑，先后修建有岸部紫金山瓦窑 (位于大阪府吹田市岸部北)、牧野瓦窑 (位于三重县多气郡多气町牧)、西贺茂角社瓦窑 (位于京都市北区西贺茂角社町)、镇守庵瓦窑 (位于京都市北区西贺茂镇守庵町)、醍醐森林瓦窑 (位于京都市北区西贺茂川上町)、岩仓幡枝窑 (位于京都市左京区岩仓幡枝町) 等。这些瓦窑的开工顺序大体与上述排列顺序相同，并且通过对以上各瓦窑的制品进行详细观察后得出了如下推测：先开工的瓦窑并没有被后面的瓦窑所替代，而是在一定期间内同时存在着，也就是说当时扩大了瓦的生产量。在比较偏远的地方生产瓦的这一做法，说明当时朝廷对于迁都的准备并不十分充分。岸部和牧野隶属于交野地区（位于大阪府交野市）内，是朝廷历来的狩猎地区。此地自古以来都是窑业兴盛的地区，也许正是因为具备了这种条件，该地区才被选为生产瓦的基地的。

在瓦的生产事业逐渐扩大的过程中，官窑的技术水平却趋于低下的状态。在承和元年（834年）正月二十九日的太政官符中有如下内容[1]。

应置造瓦長上一員事

右得造瓦使解稱。瓦之脆弱無師之所致也。方今木工寮瓦工從八位上模作子烏。久直寮家知造瓦術。望請。件人為長上。謹請官裁者。右大臣宣。奉勅依請宜割木工寮長上工十四人之内。置造瓦長上一員。

以件人初為任。

承和元年正月廿九日

上文内容大意是说，最近的瓦之所以脆弱不坚，是因为没有好的师傅。最近在木工寮的瓦匠中有一个称作模作子鸟的人，他在木工寮从事瓦的制造已经很久，技术非常精湛。所以造瓦使提出想立他为长上工的申请。如果木工寮的长上工在十四人之内的话，就可以配置一名造瓦长上工，所以可以任命模作子鸟担任其职。

---

1. "类聚三代格 卷四 加减诸司官员并废置事"（《国史大系 类聚三代格 前编》166页，1980年）。

通过上面这个文书，可以了解很多内容：① 可以确定在9世纪上半叶，当时的政府设置了造瓦使的行政机构；② 在那个机构里尚没有高水平的瓦匠；③ 木工寮中有制作瓦的工匠。因为木工寮是在废止造宫职以后继承相关兴建事业的机构，所以，上述内容是值得信赖的。虽然无法确认模作子鸟的技术水准究竟是何种程度，但是兴建技术得以改进一事却是可以确定的。关于改进后的制瓦技术，有些学者认为很可能是使用黏土制作檐头筒瓦的瓦当部和筒瓦部的方法，也就是称之为"单片瓦制作"的制作技术。当然除了檐头筒瓦的制作技术之外，其他方面的变化还有诸如纹样结构的变化，在筒瓦和板瓦的胎土中使用优质黏土的方法，瓦的烧制等越发结实牢固。

如上所述，平安时代的造瓦事业虽然在技术方面得以复兴，但是官瓦的生产却趋于停滞状态。之所以出现这种情况，是因为在这个时代的后期，特别是在兴建六胜寺时，采用了属国造寺制，也就是造寺所用瓦都由几个属国生产的缘故。在进行以法胜寺和尊胜寺为首的六胜寺遗迹的发掘调查中，确实出土了各属国生产的瓦。在这些寺庙遗迹出土的檐头瓦的瓦当纹样种类繁多，而且大小规格也不尽统一，以至于让人产生疑问，无法想象当时是如何将这些瓦铺葺到房顶的。其实，朝廷委派山城国之外的几个属国承担兴建工程的做法，并不都是在进入平安时代后期后才开始的。早在天庆元年 (938年)，政府就命令五畿内、近江、丹波等属国负责由于地震频发而破损的宫城大垣等建筑的修复工程。另外还在天德四年 (960年)，政府在重新修建因火灾而遭受破坏的，始建于延历年间的皇宫时，命令以美浓、周防为首的27个属国参与修建工程。从这些事情可以推断，早在10世纪，官方的兴建机构就已经开始出现衰退迹象。在全国各个地区的瓦窑遗址中出土了与平安京

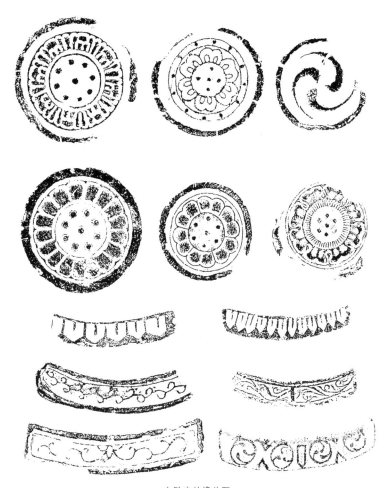

六胜寺的檐头瓦

内出土的同笵品的瓦，由此可以确定，当时有很多瓦的生产基地遍布全国。

瓦的年代

笔者已经在之前的各个部分都提及了瓦的年代，而且在之后也会随时提及，在此先介绍一些判断瓦的生产年代的方法。在瓦上记录制作年代和年号的做法非常罕见，如果不知道瓦的年代，就很难通过瓦来了解历史。为了了解瓦的生产年代，就需要从各个角度进行研究，尽可能地减少误差，推断出准确的制瓦年代。也就是以几个可信度高的方面为基准，制作出瓦的生产年表。决定制瓦年代的主要途径，还是以观察瓦当的纹样为主。不过，曾经装饰在檐头瓦上的纹样，已经有很多被现代房顶所弃用，有些令人索然无味了。

最明确的可以判断瓦的制作年代的代表实例，是在飞鸟寺创建时期使用的装饰樱花状莲花瓣的，也就是在花瓣一端带有切口的单层十瓣莲花纹的檐头筒瓦。正如前面所介绍过的一样，通过《日本书纪》和《元兴寺伽蓝缘起并流记资财账》，可以确定在崇峻元年（588年）有瓦匠从百济来到日本的事实。由此，便可以判断出飞鸟寺创建时期的瓦的制作年代。但是，他们是否到日本之后就立刻进行了瓦的生产；《日本书纪》崇峻三年10月的记录中有一句"入山采集寺院所需建材"，这时工程是否已经开始，并且同时进行了瓦的生产；另外，从同五年10月的"是月，大兴法兴寺佛堂与走廊"记录，是否可以推断当时已经实际进行了堂宇的兴建，并且开始生产瓦等等，出现了诸多疑问。这样推断的话，在588年到592年之间就会出现5年的时间差。但是，实际在兴建工程时，在很早的阶段就会把瓦铺葺到房顶上。由此观点来考虑的话，就

没有任何纹样的檐头瓦与鬼瓦

可以认为至少在飞鸟寺工程开始的崇峻三年，就已经进行了瓦的生产作业。这样一来，时间差就又会被缩减到3年。但是，虽说在史料上记载有有关寺院兴建的内容，但是关于瓦的制作年代还是相当难以判断的。

接下来可信度比较高的是山田寺创建时期的资料。在《上宫圣德法王帝说》的"注释[1]"中，记录了舒明十三年（641年）进行寺庙用地的筹备活动，并接着在同一年建造了金堂的经过。由此可以断定山田寺创建时期的带有新纹样的檐头瓦是于641年生产的。但是，山田寺所用的单瓣莲花纹样檐头筒瓦有六种，双弧纹样的檐头板瓦有八种，无论哪一个纹样，其结构都非常相似。于是，研究出土情况和纹样结构，就成为判断该寺创建时期所用檐头瓦的一种途径。在考察古代的寺院遗址时，从金堂地区大量出土的瓦，只要没有经过火灾后的重建，就可以视其为建造初期所用的瓦。依据如上的判断依据，可以认为山田寺出土的檐头筒瓦和檐头板瓦

1.《宁乐遗文》下，874页，1962年。

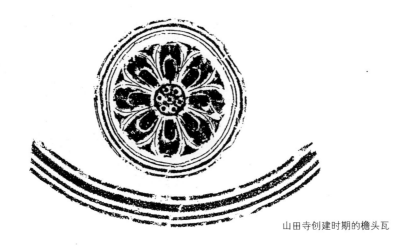

山田寺创建时期的檐头瓦

就是创建初期的制品[1]。

这种新的单瓣莲花纹样，因为早在被认为是百济大寺遗迹的木之本废寺和吉备池废寺中就已经有同样纹样结构的檐头筒瓦出土，所以，就又可以把瓦的生产时间提前2年，追溯到舒明十一年，也就是639年。所以说山田寺出土的檐头瓦，是判断瓦的制作年代的极其珍贵的资料。

继飞鸟寺之后修建的寺庙，应该是苏我氏建造的丰浦寺或者上宫王家创建的法隆寺（若草伽蓝）。而斑鸠的法隆寺则应该建立于610年前后，这些也是根据瓦的年代观来判断的。昭和四十三年，在对若草伽蓝的发掘调查中，在兴建金堂时挖掘的沟壑中出土了包括类似被弃不用的檐头瓦等瓦制品。由此，就又可以确定若草伽蓝创建时期所用的瓦。檐头筒瓦采用的是无子叶单瓣莲花纹的瓦当纹样，而檐头板瓦则采用了手雕忍冬纹作为瓦当纹样。而

---

1. "山田寺第二次（金堂·北面回廊）调查"（奈良国立文化遗产研究所《飞鸟·藤原宫发掘调查概报》9，40页，1979年）。

且还可以确定的是，在兴建若草伽蓝时，是将兴建飞鸟寺时曾经使用的檐头筒瓦的一个瓦当范，在局部添加雕刻后又重新使用的[1]。

这种檐头筒瓦的制作技法与飞鸟寺使用的一种檐头筒瓦的制作技法相同，是在角端点珠的单瓣十一瓣莲花纹样，它与花瓣末端有切口的单瓣十瓣莲花纹檐头筒瓦在同一时期使用。在此有必要说明一下，檐头筒瓦与花瓣末端带有切口的十瓣檐头筒瓦为何会在同一时期使用。

在对飞鸟寺的发掘调查中发现，该寺出土的十瓣莲花纹样檐头筒瓦和十一瓣莲花纹檐头筒瓦并没有遍布遗址的所有地方。纵观其分布情况可以发现，在中金堂、东金堂、西金堂、塔的各区域内，以约超过二比一的比例出土了很多十瓣莲花纹的檐头筒瓦。因为筒瓦分为无段式和有段式，那么是否可以认为有同时使用两种筒瓦的可能性呢？由此就可以认为在金堂、塔的地区内，使用了出土比例高的十瓣莲花纹檐头筒瓦。或者，正如在现在的元兴寺极乐坊本堂和禅室所看到的那样，也有可能只是在房顶的一部分改变了铺葺方法。但是可以确定的是，十瓣莲花纹的檐头筒瓦是早于十一瓣莲花纹样的檐头筒瓦使用的。与此相反的是，在中门地区，以二比一的比例出土了更多的十一瓣莲花纹檐头筒瓦，这说明十一瓣莲花纹檐头筒瓦是用于中门的建设的。在飞鸟寺一连串的兴建工程中，关于回廊的修建，根据《日本书纪》的记载，修建时间应该是在崇峻五年（592年）。可能当时在修建回廊的同时进行了中门的建造，不管其完成的年份是何时，大致可以断定是在从开始修建回廊的崇峻五年到记录了飞鸟寺兴建工程结束的推古十七年（609年）之间。从以上要点可以断定，十一瓣莲花纹样的檐头

---

1. 法隆寺《法隆寺防灾设施工程、发掘调查报告书》183页，1985年。

筒瓦的制作年代是在推古十七年之前[1]。

即使如上推断不能证明十一瓣檐头筒瓦与十瓣檐头筒瓦是同一时期的，但是也可以说明它早于若草伽蓝的九瓣檐头筒瓦，并成为判断带角端点珠的单瓣莲花纹檐头筒瓦年代的基准。

在若草伽蓝创建期出现了手雕忍冬纹样的檐头板瓦，在坂田寺也发现了采用同样制作技术的檐头板瓦存在。由此可以推断，在610年前后，坂田寺使用过同样的檐头板瓦，那么与此相组合使用的檐头筒瓦也应该是属于同一年代的。组合使用的檐头筒瓦带有很大的间瓣，其形状乍一看很像多层花瓣，实际还是单瓣莲花纹样。

若草伽蓝的檐头筒瓦大体上可以分成两个时期。之前所叙述的创建时期的瓦，都是从以金堂遗迹为中心的地区出土的。而在以塔的遗迹为中心的地区却集中出土了一批与此不同纹样的瓦，可以大致把它们划分成两种：一种在檐头筒瓦的中房装饰有稍大的无子叶单瓣莲花纹样，另一种是在莲花的中间装饰有蒲葵（忍冬瓣檐头筒瓦）。在这种檐头筒瓦中，虽然不甚明显，但是在外缘部分环刻着双重圆圈。檐头板瓦也有两种：其中一种是制作一个相当于一个蒲葵单位的印章，并将其按印到纹样面上的。在按压印章时，将印章的上下方向交替着按顺序从一端印到另一端（图章纹檐头板瓦）；另外一种是使用瓦当笵在瓦当面装饰均整忍冬唐草纹样。

普遍认为，无论是檐头筒瓦还是檐头板瓦，第一种类的出现比较早，在斑鸠宫遗迹中出土了后一种类的檐头瓦。斑鸠宫于皇极二年（643年）被苏我氏派出的军队烧毁，因此，可以认为这些瓦的年代距离643年很近。从中宫遗迹中也出土了后一种组合的纹样，也就是忍冬花瓣檐头筒瓦和均整忍冬唐草纹样檐头板瓦。

---

1. 森郁夫“若草伽蓝的瓦”（《日本的古代瓦》29页，1991年）。

在复瓣莲花纹檐头筒瓦中，哪一种最古老？出现于何时？这些问题尚无准确定论，但是大致可以推断其年代的是川原寺创建时期所用的檐头筒瓦。川原寺创建时期的檐头筒瓦的瓦当纹样是异面锯齿纹缘复瓣莲花纹，作为川原寺相关的史料记载，比较可信的是《日本书纪》天武二年 (673年) 三月记录的"召集书生，首次将一切经抄写到川原寺"。因此可以断定，在经过壬申之乱的天武朝早期，朝廷明确了其作为寺院的功能。另外，在《扶桑略记》齐明元年 (655年) 十月条中还记录了"天皇迁幸飞鸟川原宫。造川原寺"，在此记载中，"迁幸"和"造川原寺"之间没有"之后"一词，所以可以认定是在川原宫的遗址上兴建了川原寺[1]。川原宫是在飞鸟的板茸宫殿被火烧毁后，齐明天皇临时移居的宫殿。在昭和三十二年和昭和三十三年内进行的发掘调查中，确认了川原寺兴建前的遗构是一座拥有筑土层和石造暗渠的，规模较大的特殊建筑遗迹，遂可以认为此处是川原宫的一部分。

根据以上这些研究成果，认为川原寺是天智天皇发愿修建的寺庙的可能性很高，其兴建时间可以缩小范围到近江迁都之前，这种判断是极其妥当的。因此，川原寺的异面锯齿纹缘复瓣莲花纹的檐头筒瓦的成立时间也就可以缩小到662年到668年之间。

到了7世纪后半叶，檐头板瓦上开始装饰忍冬唐草纹和偏形唐草纹，这些檐头板瓦是以本药师寺的兴建为契机而制作的。本药师寺，也就是天武九年 (680年) 发愿的药师寺，虽然尚不能确定该寺是从何时开始投入兴建工程的，但是已经明确的是持统二年 (688年) 在此地举行过无遮大会，所以可以确定最晚也是在这一年的前几年就已经出现了这种檐头板瓦。另外，以兴建药师寺为契

---

1. 奈良国立文化遗产研究所"川原寺发掘调查报告"(《同研究所学报》9，32页，1960年)。

机,复瓣莲花纹檐头筒瓦的外区部分又被分成内外两区,然后在内区装饰连珠纹,外区装饰了线形锯齿纹。

均整唐草纹檐头板瓦首次被使用是在兴建大官大寺时,使用了这种檐头板瓦的大官大寺遗迹位于奈良县高市郡明日香村小山。在很长一段时间内,它都一直被认为是天武朝大官大寺的遗迹,但是,从昭和四十九年到五十六年进行的八次发掘调查中,在一直被认为是讲堂遗址的基坛——后来被确认是金堂遗址——下层出土了藤原宫时期的古陶器,因此最终确定此处是文武朝兴建的大官大寺遗迹[1]。在《续日本纪》大宝元年七月条中,有一条"准造大安,药师二寺官为寮,准造塔、丈六官为司"的记载,另外还有于第二年八月任命高桥朝臣笠间为造大安寺司的记录。由此可以判断该记录是与文武朝的大官大寺的兴建工程有关的文书,如此一来,就可以断定均整唐草纹檐头板瓦是在7世纪末出现的。

奈良时代,那些用于寺庙创建期明确的瓦成为推测年代的基准。建在平城京内的兴福寺和东大寺的檐头瓦纹样,因为都带有各自的特征,所以很容易区分其年代。兴福寺的檐头瓦具备了以下特点:檐头筒瓦的中房周边环绕有双重莲子,并且外缘环刻有沉线。而檐头板瓦的特点:中心的叶子不同于普通的形状,上下相反,并且上外区的珠纹呈椭圆形。关于兴福寺的兴建经过,在《续日本纪》养老四年(720年),有设置造兴福寺佛殿司的记录,由此便可以了解兴福寺式檐头瓦的年代。在东大寺,有很多种纹样结构相似的瓦,这些瓦制品是否属于同一年代尚不明了。但是,从纹样结构可以推断,檐头筒瓦中那些形状稍大并且均整的纹样,和檐头板瓦中对叶花纹的前端相连的纹样,应该属于东大寺创建期。在该地正式开始东大寺的兴

---

1. "大官大寺的调查"(奈良国立文化遗产研究所《飞鸟·藤原宫发掘调查概报》5, 27页, 1975年)。

建工程是在天平末年,所以这也就成为判断瓦的制作年代的基准。

如上所述,纹样结构的变化成为判断瓦的生产年代的依据,由此,拥有与其相似纹样的瓦,也可以大致推断出其年代。但是,也可以看到一些形状迥异,完全不遵从变化规律的,所谓独特纹样的檐头瓦,简而言之就是突然出现的纹样,葡萄唐草纹等便属于其中一种。对于这种特例,可以以冈寺的兴建为参照基准。檐头筒瓦中的兽面纹样、檐头板瓦中的飞云纹样大概可以归属于这一种类。关于如何判断这类独特纹样的檐头瓦的年代,下面就列举若干例子加以叙述,不过,叙述并不是依照年代顺序进行的。

在远江国分寺(位于静冈县磐田市国府台)的檐头瓦中,檐头筒瓦并没有任何异样的感觉,但是关于檐头板瓦的描述,却实在不知道该如何表现为好。就连瓦当部的形状都独一无二,呈月牙形。如果将该寺的瓦当纹样进行详细分类的话,大致可以分成十五种纹样,但是几乎都是月牙形的。并且其纹样也只有钩形、S字形的。这种形状的纹样虽然也属于唐草纹的变形,但是也许该图案出自于完全不知道其原来纹样的人之手。的确,它是一种偏离了主流设计的瓦。但是,另一方面它又说明,这种瓦是不借用中央的力量,而是凭借远江国自己的力量而制作出的,也就是说远江国分寺完全是依靠当地的力量建造起来的。与这种檐头板瓦相比,其中八种纹样的檐头筒瓦还可以算得上是真正有纹样的。在这些檐头瓦中,下图中右面组合的檐头瓦是先行出现的,这些瓦主要出土于金堂地域[1]。也就是说,远江国分寺的兴建是从金堂开始的。实际在对远江国分寺的发掘调查中,在寺院西北角的外侧发现了纵向九间、横向五间、带南北厢房的大规模的埋柱式建筑物。在这个建筑

---

1. 静冈县磐田市教育委员会《远江国分寺的研究》35页,1962年。

平野吾郎"远江、骏河的屋瓦与寺院"(《静冈县史研究》6,10页,1990年)。

物周边并没有发现与其相关的建筑物,因此,可以推测它是先于国分寺建造的建筑物。很显然,这种建筑物并不是作为住宅而单独修建的,很可能是在天平九年 (737年) 三月,遵照向全国发布的修建佛像的诏书,为安置佛像而修建的佛殿[1]。天平九年三月的诏书,可以说是关于全国兴建国分寺工程的重要事件。正因为远江依照天平九年的诏书完成了修建释迦如来佛像的工程,才可以在天平十三年,朝廷下诏兴建国分寺之后,立刻进行了金堂的修建工程。

国分寺的兴建任务由国守护来承担,此时期的远江国国守护是百济王孝忠,他于天平十年和十三年两度赴任。如果一连串的国分寺兴建任务果真是由国守护负责推进的话,那么天平九年的释迦佛像的兴建工程也一定与百济王孝忠有关。如果之前所介绍的埋柱式建筑物是依照天平九年的诏书而修建的佛殿的话,那么就可以认为于兴建国分寺的诏书颁布之年,再次赴任远江国国守护的百济王孝忠,先于其他属国迅速投入了为尽快恭请释迦佛像而兴建的国分寺工程。关于百济王孝忠在天平十三年再度赴任远江国国守护以后,究竟在远江在任了多少年尚无定论。但是据史料记载,天平十六年二月,天皇行幸安云江之际,他与百济王全福和百济王慈敬一同演奏了百济乐曲,所以可以断定当时他已经回到了都城。由此可以断定,当时远江国分寺的兴建工程已经顺利进行到了某种程度。如上所述,不必根据瓦本身的情况,而是通过寺庙的兴建工程情况也可以判断瓦的制作年代[2]。

上淀废寺 (位于鸟取县西伯郡淀江町福冈) 所用的檐头筒瓦的纹样结构也有独特之处,用文字来表达就是它是单层十二瓣莲花纹的檐头筒瓦。虽然与其他纹样相比,并没有很大的不同之处,但

---

1. 静冈县埋藏文化遗产研究所 "国分寺、国府台遗迹"(《静冈县文化遗产调查报告书》43,1990年)。
2. 森郁夫 "国分寺早期的情况"(法政大学出版局《日本古代寺院营建的研究》278页,1998年)。

远江国分寺的檐头瓦

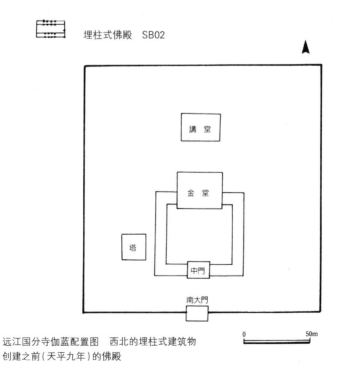

埋柱式佛殿　SB02

	講 堂	
	金 堂	
塔		
	中門	
南大門		

0　　　　　50m

远江国分寺伽蓝配置图　西北的埋柱式建筑物
创建之前（天平九年）的佛殿

是在其莲瓣的中间有一根凸线，并在中央部分装饰有小的子叶，也就是所谓的珠子串形状。莲子的结构是周围六颗围绕中间一颗的极其普通的形状，珠纹则是在瓣区外侧的一条很宽的圈线上呈现出的珠纹带。在莲瓣与间瓣之间，均匀地装饰有十二个珠纹。在普通的檐头筒瓦中，珠纹应环绕在瓣区外侧的两条圈线上。而上淀废寺的这种檐头筒瓦，却没有特别制作外缘，珠纹带看起来倒好像是外缘一样。与上淀废寺的这种檐头筒瓦纹样非常相似的檐头筒瓦，在建有上淀废寺的伯邑地区还有几处，另外，在岩见、出云、隐岐等地区也有所见。在这些檐头筒瓦中，上淀废寺所用的檐头筒瓦被认为是最早生产的，所以这种檐头筒瓦自然就被称为上淀废寺式。关于这一项，会在本书第二部"古代的瓦"中再作叙述。在上淀废寺出土了写着"癸未年"的文字瓦，因为"癸未年"相当于683年，所以可以由此了解上淀废寺式檐头筒瓦的制作年代[1]。

---

1. 鸟取县淀江町教育委员会"上淀废寺"（《淀江町埋藏文化遗产调查报告书》35，114页，1995年）。

贰

古代的瓦

第三章
瓦的生产

大量生产

若依据日本的历史记录，瓦的生产始于崇峻元年 (588年) 百济瓦匠到来以后。在《日本书纪》中有如下记载：

百济國……獻寺工太良未太・文賈古子、鑪盤博士將德白味淳、瓦博士麻奈文奴・陽貴文・陵貴文・昔麻帝彌、畫工白加

关于瓦匠的名字，在《元兴寺伽蓝缘起并流记资财账[1]》记录的"铲盘铭文"中写有"瓦師麻那文奴、陽貴文、布陵貴、昔麻帝弥"，尽管有若干不同之处，但是四个人的名字却非常相似。所以可以认为当时为了兴建寺庙，从百济派遣了工匠的记录是符合史实的。由他们兴建的寺庙是飞鸟寺，该寺庙被认为是日本最早兴建的正式的寺院。创建飞鸟寺时期的檐头筒瓦瓦当纹样与扶余时代的百济瓦当非常

1.《宁乐遗文》中，388页，1962年。

复原后的平城宫朱雀门

相似，由此也可以证明制瓦技术传自百济一说是事实。

　　不管是寺院还是宫殿，铺葺房顶所需的瓦的数量极其庞大。因为平成十年竣工的平城宫朱雀门，既是宫城的正门又是重阁门，所以需要的瓦的数量尤其多。具体覆盖在房顶的瓦的数量为：筒瓦11 000块，板瓦25 000块，檐头筒瓦、檐头板瓦各750块，熨斗瓦4 300块，总数为41 800块。

　　通常，开始建筑物的修建工程后，在大部分的骨架完成之后就可以进行房顶的葺瓦作业。这种做法从古至今都没有改变，只要房顶盖得结实牢固，即使下雨也可以进行建筑物内部的工程。因此，在短时间内会需要大量的瓦。在兴建飞鸟寺时，朝廷对制作古陶器的工匠们也进行了技术指导，形成了相应的生产体制。就像之前已经叙述过的一样，在飞鸟寺出土的板瓦中，有一些凹面带有同心圆纹的压痕，可以认为这一现象反映了当时有一部分从事古陶器生产的工匠被调用到瓦的生产中。通过以上形式，瓦的生产技术开始在全国各地得以普及。

在古代,由政府负责的兴建工程频繁进行,从兴建东大寺时期的相关史料中可以具体了解有关兴建机构的详细情况。上述史料是自日本开始生产瓦以后约一个世纪左右的史料,是作为正仓院文书流传下来的。也许因为兴建法华寺阿弥陀净土院时,也是在造东大寺司的机构下进行的缘故,在相同时期的史料中,还有一些有关兴建法华寺阿弥陀净土院的史料,同样作为正仓院文书保留了下来。但是,其资料数量却远不及东大寺的资料。在与造东大寺司相关的史料中,有几份关于制瓦的史料,由此可以概观瓦的生产。

制瓦作业

有史料记录了在天平宝字六年 (762年) 二月和三月,造东大寺司究竟具体进行了哪些作业的情况。

· 二月的作業[1]

造瓦所別当弐人 判官正六位上葛井連根道 散位従八位下坂本朝臣上麿

単口漆伯玖拾参人 五十七人將領 二百廿五人瓦工五百十一人仕丁

作物

燒瓦一萬五千八百八十枚		功一百五十六人
採瓦燒料薪九百十八荷		功四百五十九人
採火棹枝卅		功五人
修理瓦屋一宇	長卅五丈	功卅三人

1.《大日本古文书》5,125 页。

開埴穴幷堀埴 功十五人

請仕丁等養物参向大津宮 功八人

料理瓦工等食物 功卅人

運瓦寺家 功卅人

· 三月的作業[1]

造瓦所別当弐人 判官正六位上葛井連根道 散位従八位下坂本朝臣上麿

単口捌伯拾参人 五十五人将領 二百卅人瓦工

五百廿八人仕丁

作物

作瓦一万一千四百八十五枚 功百卅五人

打埴十三万七千八百斤 功三百五十一人

開埴穴幷堀積埴 功卅五人

修理瓦屋三宇 別長八丈 功卅三人

掃浄瓦屋四宇 一宇長卌五丈 功廿六人

三宇別長八丈

奉請弥勒観世音幷像二駆珍努宮 功百廿八人

雑工等 功五十人

通过这两篇史料,可以了解大致的制瓦过程。

瓦的原料为黏土和水,然后将成形的瓦坯进行干燥,再在窑里进行烧制。基本就是以这种顺序生产瓦的,并在烧制好后才能发挥它的功能。因此,第一步作业是采集黏土,也就是史料中记载的"開埴穴幷堀埴"、"開埴穴幷堀積埴"的作业。通过史料可以了解的是,二月份,在总劳动人数736人中有15人,三月份,在

1.《大日本古文书》5,188页。

总人数758人中有35人，进行采取黏土的作业。在三月份的记载中可以发现，占总作业近一半的是"打埴"作业。这个劳作内容是往取到的黏土中加水进行"揉和搅拌"，也就是后来被称为"踏鞴"的工作。如果不将黏土搅拌均匀的话，就无法做成优良的瓦。如上所述，尽管不清楚瓦的具体种类，但是在这个月要制作一万多块的瓦。

究竟在哪一带挖取黏上，并且每个人又具体挖取了多少黏土，关于挖集黏土的经过，史书并没有留下具体的记录。但是，可以认定的是，挖取是在距离制瓦工坊不远的地方进行的。在平城京北侧的奈良山丘陵地带，有一个被称为大阪层群的、适合制作陶器的黏土堆积层。因为该区域面积颇大，所以从古代开始这里就很盛行窑业。有关每个人的挖集数量可以参考《延喜式 木工寮[1]》的记载。

埴掘

掘開埴土、一人一日立方五尺

但是，如果遇到硬的黏土层，就会减少一立方尺的任务量。

关于搅拌量，在造东大寺司的记录是每人平均392.5斤，而在《延喜式》中却记载为300斤。不过，这是指"夫"所搅拌的量，如果是"雇人"，也就是雇工的话，就需要再加100斤。

关于每个人实际制作的瓦的数量，参照造东大寺司的记录的话，可以推算出每人平均85块。而在《延喜式》的记录中则是筒瓦、板瓦90块，檐头筒瓦23块，檐头板瓦28块。由此可以认为，造东大寺司的史料中所记载的瓦的数量，指的很可能是筒瓦和板瓦的制作数量。

---

1. "木工寮 制瓦"（《国史大系 延喜式》791页）。

完成瓦的制作后，接下来的作业就是将其晾晒并在窑中烧制过程，这个过程需要数量庞大的燃料。二月份作业记录中的"採瓦烧料薪九百十八荷"，指的便是这项作业。该作业量超过了二月份总作业量的六成，由此大致可以了解，这个过程究竟会需要多少燃料。现在的奈良山丘陵地带，有很大一部分区域通过开发变成了巨大住宅区，不过建设平城京之前的景观也许与开发前的景观没有太多的改变。曾经也是树木茂盛，山谷间流淌着清澈的小溪。正因为这些树木被作为烧瓦的燃料来使用，随着制瓦生产的推进，奈良山丘陵逐渐失去了绿色。为了兴建平城宫而建的瓦窑就设置在奈良山丘陵上，其建造的大概顺序是由西向东扩展的。比照考虑黏土采集情况，更可能是为了确保充足的燃料，才在逐渐东移的过程中修建瓦窑的。

在二月的作业中，承担"运瓦寺家"任务的工匠有三十人。究竟搬运了哪一种瓦、一共搬运了多少块、是由肩挑还是车拉搬运的？虽然有关这些问题还不清楚，但是平城宫出土的木简中，却有关于人力肩挑的史料记载如下[1]：

· 進上瓦三百七十枚　女瓦百六十枚　宇瓦百卅八枚

　　　　　　　　　鐙瓦七十二枚　功卌七人 十六人各十枚

　　　　　　　　　九人各八枚　廿三人各六枚

· 付葦屋石敷　　　神亀六年四月十日穴太□

　　　　　　　　　主典下道朝臣向司家　（『平城宮出土木简』）

木简上记载的是由47人搬运瓦，其实这是计算错误，应该是由48人搬运的。由这些人搬运了板瓦160块、檐头筒瓦72块、檐头板瓦138块，共计搬运了370块。平均每人搬运的数量是板瓦10块、

1. 加藤优"一九七六年度出土的木简"（《奈良国立文化遗产研究所年报》1977, 39页, 1977年）。

檐头筒瓦8块、檐头板瓦6块。在造东大寺司史料中所记载的人数，是平城宫出土木简上记载的人数的大约64%。单纯计算的话，就是236块。以二月份烧制的瓦的数量来看，这个数字实在是微少，所以很可能是搬运了一月份生产的剩瓦。顺便说明一下，此处所提到寺家就是指造东大寺司的本部。

另外，在《延喜式》中也有有关搬运瓦的记载。据此书记载，每个人搬运的数量为板瓦12块、檐头筒瓦9块、檐头板瓦7块。与木简上所记录的数量相比，《延喜式[1]》记载的多出12块，这是因为进入平安时代之后制作的瓦，比奈良时代的瓦要稍小些而且更加轻薄。顺便介绍一下《延喜式》中所记录的筒瓦的搬运数量，就是平均每个人搬运16块筒瓦。

在制作瓦的作业中，还包括"瓦屋"的修理。这里所说的瓦屋，是指制瓦时使用的制瓦或者烘干的设施。有些设施是长度45丈的建筑物，大约长135米。关于这种长的建筑物，将在下一节的"工房"中进行叙述。也许它就是一个连墙壁都很简陋的简易建筑物，所以需要经常对它进行修理。

关于瓦窑的情况，造东大寺司的史料中并无记载。《延喜式》中介绍说，根据规定，修建一个瓦窑需要工匠四名、夫八名。不过，并不清楚仅用这些人数需要花费多长时间。

在这里简单介绍一下关于筒瓦和板瓦的制作技术，也许会与第一部的"瓦的效用与历史"有若干重复的内容。

为了使制作筒瓦的黏土容易脱离模具，将黏土板缠绕到缠着布的圆筒形成型台上，或者将带状的黏土，即黏土带缠绕到成型台上而制成圆筒，然后将圆筒竖着对半切割后再进行烧制。

---

1. "木工寮　人担"（《国史大系 延喜式》793页）。

有段式筒瓦　凹面上带有刀的划痕，两侧还留有切割线的痕迹

在进行切割时，一般情况下都是用刀具从内侧下部向上划起。这种黏土圆筒的形状，正如之前所叙述的那样有两种，一种是从一端到另一端逐渐变细的"行基式"，也就是无段式，还有一种是层叠铺茸用的带有镶边的有段式。因此，两种筒瓦的成型台是不同的。关于成型台，通过对中国的文献等进行研究后，觉得称为"模骨"会更加确切，因此将其称作"模骨卷[1]"，本书也采用这种说法。

　　一般认为模骨是被放在旋转台上，无段式筒瓦的模骨由下至上逐渐变细，并且可以复原成截头圆锥形。而有段式筒瓦的模骨，为了同时制作镶边部分，会带有类似啤酒瓶的形状。筒瓦的形态大体有两种：一种是从筒瓦主体到镶边部分逐渐变化的，另一种是突然变细的。整体的倾向是古时候的筒瓦在镶边部分会突然变细，而随着时间的推移，后来的筒瓦则会出现逐渐变细的

1. 大胁洁"研究笔记　筒瓦的制作技术"（奈良国立文化遗产研究所《研究论集》IX，6页，1991年）。

倾向。在飞鸟寺和若草伽蓝的事例中可以看到，创建初期的筒瓦的镶边部分，就好似将独立制作的两部分附加到了一起，其模骨是圆柱形的。

为了旋转模骨，可能需要固定旋转轴的轴孔，可是却无法从筒瓦上观测到其迹象。但是，为了可以将黏土圆筒平均切割成两部分，好像曾经在模骨上留下过标记线，也有调查报告说系有捻绳的可能性很高。之所以无法确定是否使用过捻绳，是因为将筒瓦切割后，在休整形状的阶段，会将筒瓦的侧面和周边用刮刀进行削平作业，并把切割基准的标记线痕迹处理掉。当然，在切割完所有的黏土圆筒之后，也并不是对所有切割品都进行修刮侧面处理，也有一些会被搁置不加以处理的。而且这种痕迹大多都会留在内侧，所以，我们就会在筒瓦的一侧看到切割的刮痕。关于具体的切割方法，也许就是将长柄的尖头处带有钩形的刀具插入圆筒内侧，按照作为切割标记线的捻绳的痕迹，自下而上进行切割，整个过程一气呵成。

因为在制瓦过程中，需要把布匹缠绕到成型台上，所以就会在筒瓦凹面留有布的痕迹。因此有时也可以通过观察布纹，对筒瓦进行分类。在筒瓦成型时，会使用木板对其凸面一侧进行敲打，但是更多的时候是在调整时会将布纹削掉，所以很难看到留下的痕迹。不过，只要仔细地进行观察，还是能够在筒瓦上看到与后面将要叙述的板瓦一样的格子、斜格子、棱形、绳结的纹样的。之所以会留下这种压痕，是因为制作时为了利于黏土的脱离，而在扣板上雕刻了如上的纹样，或者缠绕细绳的缘故。在古代筒瓦中，最常见的压痕是绳结叩压痕，早在高井田废寺创建期的檐头筒瓦的筒瓦部就发现了这种带有绳结扣压痕的筒瓦。高井田废寺兴建时期的檐头筒瓦，被认为是生产于7世纪中叶，所以可以断定最迟也是在那个时期就已经使用缠绕绳子的拍打板了。

大多数的模骨都是由独木制作的，偶尔会在上面看到侧板留下的痕迹，这种情况很可能是因为在独木的芯材上添置了约2~3厘米宽的侧板的缘故。另外，在九州地区还有一种被称为"竹状模骨"的特别惹人瞩目[1]，在筒瓦的凹面上可以看到连续的棒状压痕就像细绳编织竹帘一样连接了4~7层。因为从其压痕来判断，很像用细竹连接起来的样子，所以被称为"竹状模骨"。不过，竹节的痕迹并不是非常清晰。无论带有侧板的压痕，还是带有竹状的压痕，两种都是无段式筒瓦。

除此之外，也有不使用模骨而制作筒瓦的特殊事例。在神前窑遗迹出土的制品便是如此，这种出土制品很像是使用制作土器的方法来缠绕黏土带的[2]。

接下来介绍一下板瓦的情况。传入日本的板瓦制作技法，就是通称的卷桶制作方法。这是一种把黏土板围裹到桶形的成型台上，或者是缠绕黏土带制作成黏土圆筒，然后再将其大致切割成四份，使其干燥，并在窑里烧制的方法。圆筒的切割，并不一定都是分成四份，偶尔也有被分成三份的。

关于板瓦桶卷的制作方法，从《天工开物[3]》中的图片和民俗例子中可以大致了解，基本都是采用一贯使用的将四块板瓦大小的黏土板缠绕到桶型上的方法，另外也有将两块板瓦大小的黏土

---

1. 大分县教育委员会"法镜寺遗迹、虚空藏寺遗迹——大分县宇佐市古代寺院遗迹的调查"（《大分县文化遗产调查报告》26，65页，1973年）。

2. 太宰府町教育委员会"神前窑遗迹 福冈县筑紫郡太宰府町吉松所在窑遗迹的调查"（《太宰府町文化遗产调查报告书》2，37页，1979年）。

3. 宋应星撰，薮内清译注"天工开物"（《东洋文库》130，146页，1969年）。

板装到二块桶型上的实例[1]。仔细观察的话，就会发现日本7世纪的板瓦比8世纪的板瓦体积要大一圈。所以，将四块板瓦大小的黏土板缠绕到桶型上的作业，需要非常纯熟的技术。由此可以推断，今后会有更多有关将两块板瓦大小的黏土板缠绕到桶型上的资料出现。

使用桶卷制作方式制成的板瓦，都会在瓦上留下痕迹，这一现象已经有很多实例证明。在板瓦的边缘，可以看到将黏土圆筒切割开后，并没有进行过修整的痕迹。切割黏土圆筒的顺序，与筒瓦的情况大致相同。就是先将刀具插入圆桶的内侧，然后不是一气呵成地将圆桶完全切断，而是将刀具插入到圆桶厚度的中央处再向上划割。在将黏土圆桶进行干燥后，轻轻地拍打将其分割成两半。因此，没有使用刀的一面，就成为破面。如果可以从瓦上确认到这种痕迹，就可以把它看作是桶型制作。即使经过修整看不出破面的存在，只要两个侧面的延长线位于该瓦复原后的圆桶中心线上，也可以认为它是桶卷制作。在板瓦的凹面，往往可以看到模骨的侧板压痕，不过，光从压痕还是无法确认它是否是桶卷制作，反而通过观察布纹压痕的情况更易于判断一些。与筒瓦制作时一样，为了在制作板瓦时，使黏土易于脱离，会往桶型上缠绕布块。之前已经介绍过，板瓦的平面形状基本都是梯形，而制作这种板瓦的桶型则是圆锥梯形。卷在圆锥梯形桶型上的布的接合，会呈现斜线交汇状。因此呈现出此种痕迹的板瓦，便可以判断它是使用桶卷制作的。通过计算，这种板瓦每四块中就会出现一块。只要仔细观察出土的瓦，即使是碎片，仍然可以从中发现留有这种痕迹。

---

1. "山田寺第五次调查(东回廊)"(奈良国立文化遗产研究所《飞鸟·藤原宫发掘调查概报》14, 69页, 1984年)。

在缠绕黏土板进行桶卷制作的时候，黏土板的接缝处通常会很清晰。而且，也出土了由接缝处脱落的资料。如果留有这种痕迹，便可以判断这些也是由桶卷制作的。就像之前提到的一样，缠绕黏土板制作的技法如果是在桶型上安装两块黏土板的话，就可以计算出两块瓦中有一块板瓦上会留下黏土板的接缝。而由缠绕黏土带制作的板瓦，其黏土接缝会保存得很好，所以也很容易确认该瓦是桶卷制作。以上几点特征，都可以作为桶卷制作的判断依据。正如前面介绍的一样，在板瓦凸面上可以看到各种压痕，只要仔细观察研究就可以把握工匠集团的情况。

进入8世纪以后，使用桶型制作技术进行的板瓦生产，逐渐转变为使用半圆形的凸形成型台进行的"单片瓦制作"。这很可能是伴随着平城迁都这一大事件而采用的新技术，不过在平城京时代，仍然还有一部分使用桶卷制作技术生产的板瓦。随后，这种"单片瓦制作"的技法逐渐传播到各地。到了9世纪，几乎在全国各地都采用了这种方法。只要在板瓦凹面的四角中任何一处留有布的压痕，就可以判断它是使用"单片瓦制作"方法制成的制品。另外，将板瓦凸面向上放置的时候板瓦的侧面会是笔直的，这也是判断板瓦"单片瓦制作"的根据之一。一般情况下，使用"单片瓦制作"方法生产的板瓦，其弯曲程度会比桶卷制作的平缓。正如之前所提到的一样，在板瓦凸面会留有布纹压痕，这是留在凸面上的桶型内侧缠绕黏土板的压痕。

檐头瓦基本上是将瓦当部和筒瓦或者板瓦接合在一起的，瓦当部是使用瓦当笵制作的。

在早期阶段的檐头筒瓦中，筒瓦部会被接合在瓦当内侧的上方，随着时代的改变，接合的部分有向下移动的倾向。在早期阶

《天工开物》中
的制瓦场面

冲绳地区使用的制作板瓦用的桶型

安装在旋转台上的桶型

展开的桶型

桶卷制作板瓦的实验

① 将桶型安装到旋转台上
② 将黏土板缠绕到桶型上
③ 用拍打板将其拍实
④ 使用"刮刀"修整黏土圆筒

⑤ 从旋转台上卸下桶型
⑥ 圆桶分成四份后形成板瓦的形状

⑤　⑥

"桶卷制作" 的板瓦
右: 在凹面上可以看到接缝和侧边
　　的切割痕迹
下: 从侧边可以看到切割的痕迹

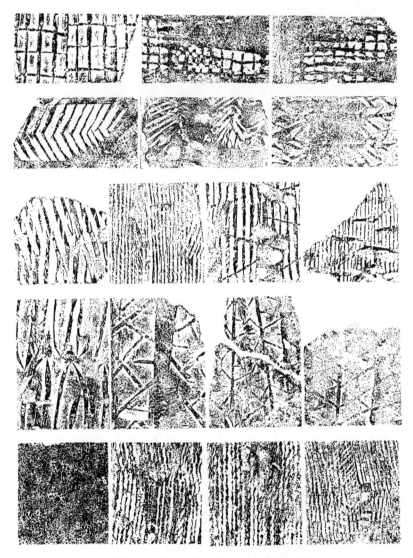

高井田废寺出土的筒瓦、板瓦上的各种拍打压痕

段，由于用于接合处的黏土比较少，筒瓦很容易从瓦当部分脱落。为此，采用了降低筒瓦部的长度，并在其凸面一侧和凹面一侧使用更多的黏土进行接合的方法。

将筒瓦接合在瓦当内侧时，并不是单单把筒瓦的前端放入瓦当内侧后再加入接缝用黏土的。而是在瓦当内侧，依照筒瓦的弧度，穿出一个沟槽再将筒瓦插入前端的。或者是将筒瓦的前端，从凸面一侧或者凹面一侧斜着削割之后，再将筒瓦前端尖形的一侧插入瓦当中的。另外，也有在靠近筒瓦前端的凹面和凸面处，刻上格子状刻纹的做法。还有一种极特殊的事例就是，去掉筒瓦前端的一部分，而为了与其吻合在瓦当里面留下一些沟槽进行接合的方法。再进一步发展的方法就是将筒瓦前端的部分制成齿轮状，与此相应地将瓦当内侧也加工成齿轮状。之所以可以如此论述，是因为瓦上已经显露了这些迹象。也就是说，尽管古代的瓦匠们费尽心思地进行了接合，但是，还是有很多瓦当部与筒瓦部脱离的情况出现。

在檐头筒瓦中，有使用所谓的"单片瓦制作"的技法制作的情况。这不是指分别制作瓦当部和筒瓦部，而是使用"同一块泥"来制作的[1]。另外，也有被称为"所谓的单片瓦制作"的制作方法[2]。它不是指瓦当部和筒瓦部使用"共土"来制作的，而是在瓦当内侧，与作为筒瓦部制作的圆筒接合在一起，然后将圆筒中多余的一半取掉的制作方法。在去掉圆筒的多余部分时，为了防止伤到瓦当内侧，或者不小心削掉内侧，会在稍微离开瓦当的地方进行处理。因此，在瓦当内侧会留下堤状的部分。这个堤状的隆起，很像是由"共土"制作成的。由这两种技法制作成的

---

1. 木村捷三郎"关于平安中期瓦的拙见"（《造瓦与考古学》159页，1984年）。
2. 林博通"关于单块瓦的制作"（《史想》17，1页，1975年）。

"单片瓦制作" 的板瓦
上：残留在凹面角落处的布痕
左：凸面上留有布痕的板瓦

檐头筒瓦瓦当的内侧
左：为了利于与筒瓦拼接而制成的齿轮状
右：为了便于与筒瓦拼接而留有的半圆形沟槽

筒瓦凹面　为了利于与瓦当部
接合而刻上的刻痕

瓦当与筒瓦的接合　筒瓦部前
端留有刻痕

瓦当与筒瓦的接合　筒瓦部凸
面刻有刻痕

下总国分寺的檐头板瓦　可以
看出是通过右侧的横断面,将板
瓦插到瓦当里接合到一起的。
纹样面的网眼是根据同范品复
原的

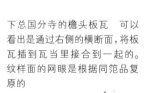

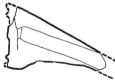

檐头筒瓦,筒瓦部的布纹压痕会一直延续到瓦当内侧。堤状隆起以及布纹压痕的存在,体现了采用以上两种技法制作的檐头筒瓦的特征。刚开始注意到这一点时,还以为是特殊的技法,但是随后资料逐渐增加,这已经是可以在各个地方都能见到的技法了。

还有一个极为特殊的事例,就是在瓦当面上留有布纹压痕。这一特点在武藏国分寺[1](位于东京都国分寺市西元町)和佐渡国分寺[2](新潟县佐渡郡真野町国分寺)非常显著。留有明显布纹压痕的武藏国分寺的瓦,大概是由于瓦当部很难从瓦当范中取出来,因而才放置布的吧。或许佐渡国分寺的瓦也与此相同,就是在铺有布块的上面搅拌黏土,将带有布纹压痕的一面直接按入瓦当范内,如此一来就会留下布纹的压痕,也并非没有这种可能性存在。

檐头板瓦也是由瓦当部和板瓦部构成的,但是有关其制作技法还有很多不明了之处。在桶卷制作阶段的檐头板瓦中,有一些很明显地带有在桶型成形台上与板瓦同时制作出的痕迹。比如重弧纹檐头板瓦,但是也有像桧隈寺遗迹(位于奈良县高市郡明日香村槐隈)中出土的瓦一样,使用偏行唐草纹技法制作而成的。关于这种制作方法,现在正在不断研究中。另外,虽然也有一些很显然是将板瓦部接合到瓦当里面的实例,但是出土实例并不多见,只有从山村废寺、上野废寺、下总国分寺(位于千叶县市川市国分)、同大冢前遗迹(位于千叶县印西市小仓)等出土的几个例子[3]。

---

1. 国分寺市教育委员会 "武藏国分寺遗迹调查报告—昭和39~44年度" 第六图版165,1987年。
2. 山本半藏编《佐渡国分寺古瓦拓本集》图4、7等,1978年。
3. 森郁夫 "瓦的制作技法"(《古代史发掘》10,59页,1974年)。

制瓦工匠

有关实际在瓦坊劳作的工匠情况，至今尚无定论。在日本首次进行制瓦生产时，并不可能只有来自百济的四名瓦匠参与瓦的制作。他们非常熟悉制瓦的所有工序，因而培养出了可以在每一个生产过程中进行操作的新工匠。在早期阶段，应该就是这种情况。

虽然正仓院文书中记录了若干有关奈良时代瓦匠的情况，但是关于古代全国多达数千个的寺庙，在兴建当初致力于制瓦作业的工人，究竟是一个人独立进行的，还是由数人组成一个小组进行操作的，一切尚无明确答案。为此，只好以史料中所记录的内容为线索来进行研究。虽然无法确定究竟有几名瓦匠隶属于造东大寺司，但是可以明确姓名的至少有十名。其中造东大寺司本所的史料中有八名[1]，另外属于造东大寺司的一个组织的，即为了兴建法华寺阿弥陀净土院而设立的造金堂所[2]，以及为了兴建石山寺而建立的造石山院所[3]，各有一名瓦匠的名字可以确认。在造东大寺司瓦所的一个文书中，还有如"惠美园的瓦匠等等"的记录，也许他们还会经常被派遣到别处去劳作，在其他部门制作瓦。

此外，在天平十七年（745年）的造宫省移中可以看到"制瓦仕丁[4]"，在同年的民部省解上可以看到如"西山瓦守仕丁"、"瓦屋守一人[5]"的记录。就像在造宫省内当然会设置有造瓦机构一样，那么在其他官衙内也一定会有其他的组织机构存在。

---

1. 《大日本古文书》4,372页。

2. 《大日本古文书》16,308页。

3. 《大日本古文书》16,273页。

4. 《大日本古文书》2,473页。

5. 《大日本古文书》2,428页。

从前面提到的两份史料中可以了解到，听命于造东大寺司造瓦所的工匠级别分为将领、瓦匠、仕丁等。其总人数二月份为793人，三月份为813人。从总工作量来看，它与每个月的瓦匠及仕丁的劳动量总和相吻合，由此可以断定，将领并没有参与作业。将领的总人数二月份为57人，三月份是55人，计算时可以算作二人份。将领的人数之所以不被包含在作业功数内，很可能是因为将领属于事务官僚，薪酬会单独计算的缘故。根据"所"的不同，将领的人数也会发生不同变化。在这一年的二月份，木工所内共计有227人，也就是说有8名左右的将领。

根据劳作形式的不同，瓦匠分成长上工、番上工、司工、雇工等工种。长上工是指画师等具有特别技术、固定在官营作坊工作的工匠，是担任指挥番上工的技术官员。但是，在扩大兴建事业的奈良时代，长上工也会被分配到直接参与兴建的部门。工匠所获得的薪酬，根据级别自然不同，而且，根据不同的劳作内容薪酬也会有所差别。在以天平宝字三年（759年）为中心的"造法华寺金堂所"的相关文件中可以看到具体薪酬支付情况，如："瓦坯制作工"十文，"烧瓦工"十二文到十五文四个级别，制作施釉橡子瓦的"制作飞炎木后料玉瓦工"十文、"葺瓦工"十文到十一文两个级别、建造瓦窑的"瓦窑工"十四文。之所以出现同工不同酬的情况，很可能是与技术的熟练程度有关。或者像"葺瓦工"的情形，负责铺葺房顶的边缘和角落等比较费力的任务时，薪酬会增加一文。另外，如在瓦窑内烧制瓦的时候，需要彻夜劳作时，薪酬额度也会有别于平时。

在劳作内容中可以看到，二月份"为瓦匠料理食物"的有30人，三月份"勤杂工"有50人。正如字面意思所述，他们是负责为在造瓦所劳作的工匠烹饪食物的人，这些工作属于杂役的职责。

另外,除了之前所介绍的平城宫出土的木简以外,还有其他资料[1]记录有:

表·□進上女瓦三□……□丁　五人

裏·神龟五年十月……□秦小酒得麻呂

由此可以了解,在搬运瓦的作业时,也动用杂役参与。顺便添加一些其他记录:

表·□瓦　枚□車一□

裏·　　　　　□

从以上内容可以了解,不仅有人挑担搬运瓦,也有使用车辆来搬运的。在有关法华寺阿弥陀净土院的史料[2]中,也有天平宝字年间记载的有关使用车辆搬运瓦的内容。

四百五十文借堤瓦九百枚運車九両賃

四百五十文同瓦依員返送車九両賃

当时,可能由于造金堂所的工程进展急速,使得瓦的生产供不应求,不得不从本所造东大寺司造瓦所借用九百块堤瓦,即熨斗瓦。可见在搬运和返还这些瓦时,都使用了车辆。让人感兴趣的是,此处所记录的"車九両"份,也就是说一辆车可以装载100块熨斗瓦。熨斗瓦的大小,相当于把板瓦竖着截成一半的面积。在《延喜式》中,规定一台车可以装载120块板瓦[3]。如果把法华寺阿弥陀净土院的熨斗瓦进行换算的话,还不到一半。也许是奈良时代的货车载重小,或者有几种不同类型的货车。无论出于什么原因,在使用货车可以提高搬运效率的情况下,还动用人力来搬运,只能说明很可能是当时的货车数量有限。

---

1. 加藤优"一九七六年度出土的木简"(《奈良国立文化遗产研究所年报》1977,39页,1977年)。
2. 《大日本古文书》16,279页。
3. "木工寮　车载"(《国史大系　延喜式》793页)。

杂役，是指作为一种劳役税而被征集来的人。在全国各乡，每五十户会被指派一人，另外还会为此人配备一名负责伙食的小厮，共计二人到京城后，就会被分配到各个役所，从事勤杂事物。造东大寺司内就有很多杂役。

工房

关于烧瓦作业场所的史料相当罕见。在之前提到的造东大寺司的两个史料中记录的，二月"修理瓦屋一间　长四十五丈"，三月"修理瓦屋三间　每间各长八丈"，可能就是制作瓦坯或者晾晒瓦坯的工房。虽然只记录了长度，不过通常这种横梁长的古代建筑，其房屋的梁间距基本都是四间，并且带有两侧厢房。所以，造东大寺造瓦所很可能也有与上人平遗迹（位于京都府相乐郡木津町大字市坂）出土的埋柱式建筑一样的设施[1]。

作业场

因为搅拌黏土、制作瓦坯、并将其晾晒烘干的作业是连贯作业，所以，根据兴建工程的规模，需要非常大的场地。这种作业场地大多会建在瓦窑附近，但是从遗迹中得以确认的事例并不多见。

在隼上瓦窑遗迹（位于京都府宇治市菟道）中，瓦窑南面的平坦场地上，建有七栋埋柱式建筑物和池塘状的设施[2]。建筑物很可能是工匠们的住所和作业场，池塘状的设施可以从山谷引水使用，所以很可能是与工房有关的设施。因为隼上瓦窑生产的瓦制品是为

---

1. "上人平遗迹"（京都府埋藏文化遗产中心《京都府遗迹调查概报》40,41页,1990年）。
2. 宇治市教育委员会"隼上瓦窑遗迹发掘调查概报"（《宇治市埋藏文化遗产发掘调查概报》3, 64页,1983年）。

兴建丰浦寺提供的，所以可以认定该工房的遗构是目前发现的最古老的遗迹。

梶原瓦窑 (位于大阪府高槻市梶原) 从7世纪下半叶开始，一直维持了大约一百年，建有登窑和平窑。在瓦窑的南边有埋柱式建筑物，从其简单的构造来判断，此处应该是工房[1]。

在桛木原瓦窑遗迹 (位于滋贺县大津市南滋贺町) 中，邻近瓦窑的南面建有竖穴式住宅，而在它的北面建有埋柱式建筑，普遍认为这两处可能是工匠的住所和作业场[2]。埋柱式建筑物很可能是使用木板围起来的，内部还有储存制瓦原料的设备。在埋柱式建筑物中，有横梁长度为八间或者九间的又大又长的房屋，很可能是摆放制好的瓦坯，将其晾晒干燥的设施。

上人平遗迹的例子便是其典型。从出土的瓦可以断定，这些都是从天平末年到天平胜宝年间兴建平城宫时使用的瓦，也就是所属于造宫省的工房。这四栋建筑都是横梁长九间，梁间距为四间，南北两侧都带有厢房，排列整齐。调查报告说，其中两栋是先期建造的，而后两栋是分别建于南侧的。也许是因为建造台地而使工房面积有限的缘故，这些建筑物的屋檐几乎相连到了一起。虽然这些建筑物上有穿梁用的柱穴，但并不是所有梁之间都有，并且根据不同建筑，其结构也各有差异。其中或者是间隔一个梁，或者是只有东半侧有柱穴。乍一看就像是铺设地板用的短梁孔，但很可能是支撑房屋的柱孔，让人觉得就像是埋立式小屋一样。

《天工开物》中所描绘的制瓦场景，好像是在日光下晾晒制成

1. 名神高速道路内遗迹调查会"梶原瓦窑遗迹发掘调查报告书"（《名神高速道路内遗迹调查报告书》3,28页,1977年）。
2. 滋贺县教育委员会《桛木原遗迹发掘调查报告Ⅲ—南滋贺废寺瓦窑 (本文编) 》84页,1981年。

的瓦坯进行干燥的场面[1]。但是，如果直接在阳光下进行晾晒的话，很可能会出现开裂的现象。所以，在多雨的日本，很可能是在类似上人平遗迹和桕木原瓦窑遗迹中出土的建筑物内进行晾晒瓦坯的。在上人平遗迹中，四栋大型建筑物的东侧，除了水井还有几个小规模的埋柱式建筑物。从其建有水井的结构来看，此处很可能是为瓦匠准备伙食的厨房，这样就可以理解之前介绍的史料中所记录的"料理瓦匠等的食物"、"杂役小厮等人"的内容了。西侧的三栋建筑物，几乎没有生活的气息，所以可以认为此处是仓库。综上所述，制瓦工房并不只是瓦窑，而是由制瓦生产所需的多种功能结合构成的综合设施。

在奈良山丘陵东侧的音如谷瓦窑遗迹中也发现了小规模的埋柱式建筑物[2]，这些也被认为是制作瓦的作业场和保管资材的仓库。因为这里的瓦制品很可能是为法华寺阿弥陀净土院提供的，所以，此处应当生产了相当数量的瓦。

在这里制作的瓦坯究竟是在哪里进行晾晒的，虽然不会距离此处太远，但是发掘调查中并没有得到考证。

或许是由于突然决定了生产瓦的计划，在为难波宫提供瓦的七尾瓦窑遗迹（位于大阪府吹田市岸部北）中，发现既有登窑还有平窑，所以很可能是同时进行制瓦作业的。在这些瓦窑遗迹群的前面，是用宽3~4米、深1米的水沟来划分的，有学者认为这是用来划分制瓦工房的[3]。在川原井瓦窑遗迹（位于三重县铃鹿市加佐登

1. 宋应星撰，薮内清译注《天工开物》(东洋文库130, 147页, 1969年)。

2. 奈良县教育委员会《奈良山　Ⅲ　平城新城预定地内遗迹调查概报》32页, 1979年。
   奥村茂辉"木津瓦窑群遗迹群出土的瓦"(木津町《学术研讨会　木津町的古代瓦窑》18页, 2000年)。

3. 吹田市教育委员会《七尾瓦窑遗迹（工房遗迹）—伴随都市计划道路千里丘丰津线工程进行的发掘调查报告书2》74页, 1999年。

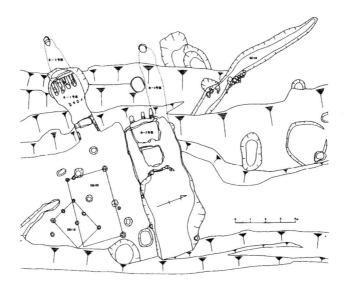

瓦窑与工房 枱木原瓦窑遗迹的一部分

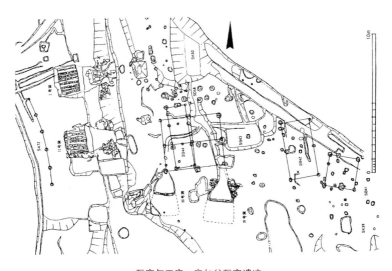

瓦窑与工房 音如谷瓦窑遗迹

町字川原井) 中, 有三栋竖穴式住所, 很可能这里就是工房[1]。在兴建武藏国分寺时使用的瓦窑之一的谷津池瓦窑遗迹中, 也发现了竖穴式住宅。它是一个长边约6米、短边约2.6米的长方形建筑, 而且内部可以看到立有板瓦的情况。所以, 此处被认为是工房。在新久瓦窑遗迹 (位于埼玉县入间市新久) 中, 也发现了小规模的竖穴, 因为在这个竖穴里还有灶[2], 所以可以断定此处并不单单具有作业场的功能。

在已经确定的为平安京提供瓦而修建的众多瓦窑中, 在吉志部瓦窑遗迹[3] (位于大阪府吹田市岸部北) 和上庄田瓦窑遗迹[4] (位于京都市北区西贺茂上庄田町) 发现了制瓦工房的遗构。在吉志部瓦窑遗迹中, 检测出了作业用的埋柱式建筑物和留有旋转台轴棒的遗构, 其中已经有15台份旋转台遗构得到确认。在上庄田瓦窑遗迹中, 位于瓦窑群后侧 (西侧) 与コ字形的水沟相隔修建有一个工房, 这个水沟很可能是为了防止从工房一侧侵入雨水而挖建的。埋柱式建筑共有两栋, 规模都不大, 只有作业场和资材存放处的大小。在这个遗迹中也有值得注意的遗构, 就是有三处安放旋转台的轴棒孔。三个孔都呈等腰三角形, 在其底边一侧有埋柱式围墙, 这个围墙或许是为了遮阳而设立的。在两处遗迹中所发现的安放旋转台的孔, 不管制作的是筒瓦还是板瓦, 它都是为了安放制瓦台而设立的。这样一来, 就又出现了如何复原制作台形

1. 伊藤久嗣 "三重县川原井瓦窑遗迹" (日本考古学协会《日本考古学年报》33, 1980年度版, 195页, 1983年)。
2. 坂诘秀一编《武藏荒久窑遗迹》56页, 1971年。
3. 吹田市教育委员会《吉志部瓦窑遗迹 (工房遗迹)——伴随都市计划道路千里丘丰津线工程进行的发掘调查报告书1》94页, 1998年。
4. 南孝雄、网伸也 "上庄田窑遗迹" (《平成八年度 京都市埋藏文化遗产调查概要》66页, 1998年)。

状的新问题。不管怎样，由此可以想象当时的瓦匠们在这里努力制瓦的情景。

根据兴建对象的不同，这些工房的规模大小也会有所不同。在大规模的工房中，很有可能将工匠们分成若干小组。这是从本药师寺出土的文字瓦上推断出的，也就是出土了带有"左"和"右"印记的瓦[1]。朝廷向本药师寺、天武朝发愿而兴建的药师寺工程，为了推进兴建工程而设置了造药师寺司。至于当时是否将造药师寺司全体分成了左右两个机构，虽然尚无定论，但是，至少可以明确的是在瓦制作的领域已经将工房分成了左工房和右工房。

虽然与瓦并没有直接的关系，在此也列举一下相关事项。在左右两个工房进行的作业，可以举出制作木造百万塔的实例。百万塔是在天平宝字八年爆发的惠美押胜之乱，即藤原仲麻吕之乱被镇压之后，由称德天皇为镇护国家发愿而兴建的、高约21厘米左右的木制塔。正如文字所述，兴建了百万基木塔，并分别配送到了以大安寺为首的十大寺院，现在只有法隆寺还有留存。在基台的里面有很多书墨痕迹，其中就有写着"左"或者"右"的书墨。这些文字很可能是为了区分左右工房而记录的[2]。在兴建百万塔时，设置了诸如"造塔司"的机构。如果认为其分为左右的话，那么从文字瓦来看，造药师寺也有将司或者工房分成左右的可能性。如此一来，就说明所有的兴建官署都会同样，但是，目前并没有发现证明这些的资料。在唐代，唐令中规定了称为"将作监"的与营建工程相关的役所，并且分成左校署和右校署。那么如果从日本的律令制度基本模仿自唐律来考虑的话，这一问题就需要特别的注

1. "本药师寺的调查"（《飞鸟·藤原宫发掘调查概报》26,70页,1997年）。
2. 松村惠司 "百万塔调查的成果与课题"（《伊珂留我 法隆寺昭和资财账概报》8,20页,1988年）。

意。但是在唐代，制瓦生产是在从属于"将作监"的甄官署进行的，被称为"掌砖瓦之事[1]"。

瓦窑

古代的瓦窑大体上可分为"登窑"和"平窑"两种，由烧燃料的燃烧室、摆放成型瓦坯的烧成室，以及排烟的烟道构成[2]。登窑是利用丘陵的斜面，凿出隧道而建成的隧道式瓦窑，在烧成室会建有数层到二十多层的台阶。这种结构的瓦窑，在燃烧室和烧成室之间既有有台阶的，也有无台阶的。在出土了瓦制品的登窑中，有一些烧成室没有设置台阶，那是因为这些原本是烧制古陶器的窑，后来用于生产瓦的。这种形式的瓦窑，在燃烧室和烧成室之间，同样既有有台阶的，也有无台阶的。

在建造登窑时，也有在丘陵斜面穿透狭长的沟壑而修建窑体的情形，这种登窑也有带台阶的和不带台阶的。这种登窑会在侧壁上部，使用带有沙子的黏土建成天井。

并不是所有的登窑都属于这种形式，如果仔细观察细小部分，就会发现根据地域的不同，其结构也有各种各样的变化。例如，有狭长的烧成部，长轴变短，燃烧室和烧成室之间没有台阶，烧成室不带台阶并呈倾斜状，而且在烧成室内沿着窑的长轴穿凿出几条沟槽，以此提高加热的效果，呈现了不同的创意。这个沟槽与后述的分烟床非常类似。

关于登窑这一用语，有人认为不恰当。原本登窑是指"相连修建在倾斜面的几个长方形的房间，后面的房间高于前面的房间，具有高度逐渐提高的结构"，所以觉得不符合烧瓦和古陶器的窑。为

---

1. 中华书局出版《通典 卷二七 职官九 将作监》762页，1988年。
2. 森郁夫"古代的瓦窑"（《佛教艺术》148, 95页，1983年）。

此,针对登窑这一称呼,也有使用"窖窑"的用语。"有台阶窖窑"和"无台阶窖窑"就相当于此处所说的"登窑"。

平窑中虽然也有一些是穿凿山腹而建成的,但是大多都是指在平坦的土地上挖建而成的窑。平窑与登窑一样,基本上也具备了燃烧室、烧成室、烟道。平窑大体上可以分成两种:一种是将烧瓦的部分,也就是烧成室的底面保持平坦状的窑,另一种是为了提高火热循环效率,带有分烟床的窑。从平面看分烟床的话,就像是让空气更好流通的"焙烧炉",所以有时也会将设置了分烟床的平窑称为"炉床式平窑"。在这些平窑中,有一些是将窑体的大部分挖建在地下的结构,也有一些是将部分窑体建在地上的结构。比如将燃烧室部分建在地下,而将烧成室建在地上的结构就属于这一类。另外,在平安时代,还有建在平地上的平窑。平窑的烧成室底面,并不是直接从平坦的底部形成分烟床的,而是在燃烧室和烧成室之间设置了分烟筒。

关于瓦窑的构造,大致如上所述。实际烧瓦时,也就是进行瓦的生产时,最理想的情况就是在靠近用瓦工地附近建造瓦窑。例如,为法轮寺供瓦的三井瓦窑,就建在了寺庙附近的丘陵处[1]。为建造平隆寺(位于奈良县生驹郡三乡町势野)提供瓦的金池瓦窑(位于奈良县生驹郡三乡町势野),也建在寺庙附近[2]。而且,金池瓦窑还负责为中宫寺提供瓦制品。正如稍后即将介绍的那样,关于这一点还要考虑上宫王家和平群氏关系。即使这样,金池瓦窑到中宫寺遗迹的直线距离也就5公里左右。而海会寺则建在了寺庙的领域内,而且是建在建造讲堂的预定地点[3]。之前提到了一些8世纪的

1. 上田三平"三井瓦窑遗迹"(文部省《史迹调查报告》7,1页,1935年)。

2. 田中重久"平隆寺创立的研究"(《圣德太子御圣迹的研究》394页,1944年)。

3. 泉南市教育委员会《海会寺 海会寺遗迹发掘调查报告书—本文编》40页,1987年。

事例,在《东大寺山堺四至图》中标示的"瓦屋"好像原本是兴福寺瓦窑,后来才开始为东大寺提供瓦制品。不过,不管是兴福寺还是东大寺,它们都是瓦窑建在邻近处的好例子。

虽有上述情况,但是与此相反,也有不少建在远处的瓦窑实例。在上一节提到过为丰浦寺提供瓦制品的隼上瓦窑,它就建在了距离寺庙大约40公里的地方。就算是利用了木津川 (泉川) 等河流,但是肯定也是动用了大量的劳动力。末奥瓦窑 (位于冈山县都洼郡山手村宿末奥) 的瓦制品,很可能是送往四天王寺的。可以确认的是,在兴建藤原宫时使用了赞岐地区宗吉瓦窑 (位于香川县三丰郡三野町吉津宗吉) 生产的瓦[1]。在8世纪大力兴建国分寺之际,武藏国分寺就是从距离大约60公里的大丸瓦窑搬运砖瓦的[2]。也许其中各有缘由,但并不一定只是因为营建工程附近没有合适的建窑之地。很可能还因为出于营建机构的某种原因,才出现这种情况的。

那么在瓦窑烧瓦时,究竟是如何将瓦填进窑内的呢? 通过发掘调查,发现了保持当时瓦窑情况的实例,从中可以了解大致情况。

在栗栖野第六号窑 (位于京都市左京区岩仓幡枝町) 中,发现了遗构情况保存完好、在烧成室内还摆放着很多瓦的实例[3]。该瓦窑没有台阶,而是将板瓦片横向排列摆成了阶梯状。这种将瓦片排列摆放成台阶状的瓦窑并不罕见,大多是将原本烧制古陶器的窑转用为瓦窑进行瓦生产的。在这个栗栖野瓦窑中,由板瓦片建

---

1. 三野町教育委员会《宗吉窑遗迹》8页,1992年。
2. 宇野信四郎 "东京都南多摩郡稻城村大丸瓦窑遗迹发掘调查概报"(《历史考古》9、10合并号,33页,1963年)。
3. 京都市文化观光局、京都市埋藏文化遗产研究所《昭和六十年度 栗栖野瓦窑遗迹发掘调查概报》10页,1985年。

成的阶梯是16层，在天井高的下半部分摆放了两层板瓦，而在天井低的上半部分摆放了一层板瓦，然后在其上面又横向排列了筒瓦。由于只有从最底部到第四层还摆放有瓦，所以无法正确推算出瓦窑内整体摆放瓦的数量。根据调查报告可以确定，在保存下来的这些瓦中，有板瓦460块，筒瓦81块，也就是说当时烧出了700块以上的筒瓦、板瓦。这个瓦窑由于天井崩塌而被废弃，从板瓦的情况可以推断它是7世纪下半叶的瓦窑。

在芥子山二号窑（京都市北区上贺茂芥子山町）的实例中，虽然有很大一部分在后世都被削平了，但是在烧成室的最下层，仍然保留着当初瓦窑内摆放的板瓦的状态[1]。这个瓦窑是有阶有段的窑窑，当时很可能是由于天井塌落而终止了生产。因为已经确认该瓦窑内每一层大概可以摆放30块板瓦，而且可以复原到15层，所以如果按每一层排列30块瓦来计算的话，就说明当时一共烧制了450块瓦。那么，如果按每一层可以堆积两排板瓦来计算的话，就可以计算出该瓦窑一共烧制了900块板瓦。从瓦的出土情况来看，此处很可能是为7世纪下半叶兴建的北白川废寺提供瓦制品而修建的瓦窑。无论是之前介绍的栗栖野瓦窑，还是芥子山瓦窑，由于天井的塌落而导致瓦窑废弃的情形，对于当时的瓦匠们来说，一定是非常懊恼的事情。

作为平窑的实例，可以推举寺谷瓦窑[2]（位于静冈县磐田市寺谷）。该瓦窑最大宽度约2.5米，长约1.5米，一共设置了五行分烟筒。从出土的瓦来看，可以断定该瓦窑建造于平安时代前期到中期之间。窑内摆放的几乎都是板瓦，共摆放有三层。因为其中有一些碎裂的瓦片，所以无法准确统计出全部的数量。但是可以大

1. 京都市埋藏文化遗产调查中心《芥子山窑遗迹群发掘调查概要报告》17页，1985年。
2. "二二九　寺谷瓦窑遗迹"（静冈县《静冈县史　资料编2　考古二》882页，1977年）。

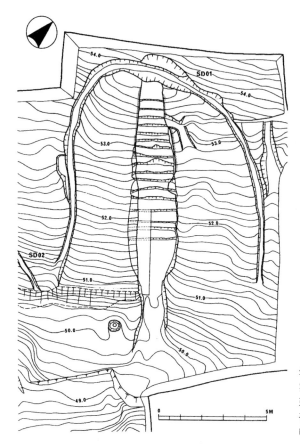

隼上1号瓦窑遗迹
实际测量图 瓦窑
建在丘陵上,通过
在窑的三面挖沟槽
的方式隔断湿气

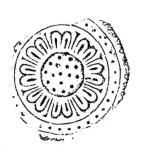

与赞岐宗吉瓦窑的
檐头筒瓦(左)相
同瓦范的藤原宫的
檐头筒瓦

第10排

第11排

第13排

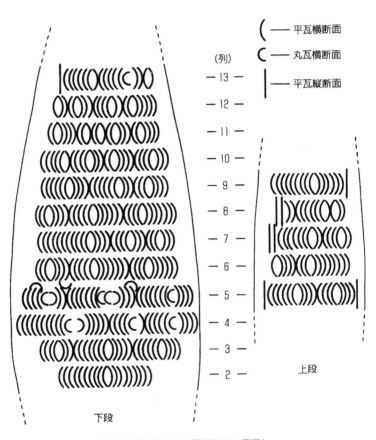

栗栖野6号瓦窑中瓦的摆放情况模式图（上：横切面，下：平面）

概统计出上层大约有90块，中层大约有280块，下层大约有290块。上层西半部分和中层一部分的瓦，很可能在烧成之后就直接被取走了，所以中间有一部分空缺。因为看不到天井曾经塌落的迹象，所以这个瓦窑很可能是由于某种事故而中途停止了生产，而且很可能只使用了烧制良好的瓦制品。如果上中下三层都是排列了与下层同样数量的瓦进行烧制的话，那么大致就可以推算出，该瓦窑当时一共烧制了约900块板瓦。

第四章

瓦当纹样的创作

纹样的变化

虽然瓦的使用目的是为了保护建筑物免受雨水侵袭,但是在多数情况下,房檐部分都会使用施加纹样的檐头筒瓦和檐头板瓦,这些瓦的主要目的则是装饰建筑物。在古代,檐头筒瓦的纹样以莲花为主。在日本,最早的瓦葺建筑起源于寺院建筑,所以自然也就为了在人间展现莲花藏世界而使用了莲花纹样。山田寺和山王废寺的房柱使用的莲瓣装饰,就充分证明了这一事实。

与此相对,檐头板瓦则以唐草纹为主,这原本是从蒲葵演变而来的[1],蒲葵同样也多用于佛教装饰中。自从首次在日本使用以来,这些纹样一点点地逐渐发生了变化。这些发生变化的纹样,大多展现了采用该种纹样的年代特征。因此,很多时候都可

---

1. 将蒲葵与蒲葵唐草纹样称之为忍冬纹与忍冬唐草纹。严密地说忍冬、忍冬唐草纹的名称是错误的,但是因为已经习惯这一用语,所以本书也时而使用这个概念。

以借助瓦当纹样的变化情况判断瓦的年代。所以，在对瓦进行研究之际，观察瓦当纹样是不可缺少的重要环节。下面就介绍一下自6世纪末开始制作瓦以来，一直到平安时代末期12世纪为止的瓦当纹样的大致发展情况。

檐头筒瓦

当初，来自百济的瓦匠们传输制瓦技术之际，只有筒瓦上配有瓦当。因此，在修建飞鸟寺时，在屋檐前方也仅使用了檐头筒瓦，而没有使用带有纹样的板瓦。简而言之，就是传来制瓦技术的百济，当时并没有檐头板瓦。

最早制作的檐头筒瓦的纹样酷似扶余时代的百济瓦当纹样，在莲花瓣中间没有其他装饰，可以称其为无子叶单瓣莲花纹样。莲花纹样的中间有六颗莲子，因为这个纹样展现的是莲花形状，因而得名莲花纹样。由于日本初次制作的檐头筒瓦的瓦当纹样就是这种纹样，而且，早期的瓦又都是使用在寺院建筑上的，所以檐头筒瓦的纹样基本都由莲花纹样构成。飞鸟寺最初使用的瓦当纹样是在前端带有豁口的樱花状莲花瓣纹样，它与百济瓦当纹样十分相似，稍不同之处是莲花瓣的数量是十瓣。百济瓦当大多是八瓣莲花，这一点与飞鸟寺的情况有些不同，由此，从飞鸟寺的瓦当纹样中可以感受到一些细腻的感觉。所以可以认为，日本不是单纯地模仿了纹样，而是学习了纹样设计技术。在坂田寺、丰田废寺(位于奈良县天理市丰田町)、姬寺遗迹(位于奈良市东九条町姬寺)、山背北野废寺等寺庙中，也可以看到与飞鸟寺相同的纹样。

在樱花状莲花瓣的前端，可以展现反转的莲花瓣呈现出的凹凸的弧线形，这种形状是通过在莲花瓣的前端设计珠点的形式表现出来的。因为这种莲花瓣呈棱角状，所以与前面的称为瓣端切口的形状相对应，被称作角端点珠。在飞鸟寺中心伽蓝的发掘调查中，这两种纹样的出土比例占据了大部分，所以可以确定在兴建飞鸟寺工程中，很早就使用了角端点珠的瓦当纹样。在飞鸟寺的瓦当中有很多莲花的花瓣都是十一瓣，另外在若草伽蓝、定林寺、新堂废寺等早期寺院中，也发现了带有相似瓦当纹样的檐头筒瓦。除此之外，在奥山久米寺（奥山废寺）、中宫寺、平隆寺、久世废寺等寺庙中还发现了加宽莲花瓣的纹样。由于是八瓣，所以莲花瓣看起来很宽大，其纹样形状相当整齐，颇具几何学概念。在早期阶段，也就是从7世纪前半期为止，大多数檐头筒瓦展现的都是莲花瓣中没有任何纹样结构的莲花纹样。瓦当面大多都是平坦的，不过也有像普贤寺遗迹出土的瓦当那样莲花瓣隆起的纹样。

以上的纹样被称作百济式或百济系，与此相对应，还有被称为高句丽式、高句丽系的纹样。这种纹样是在细长的莲花瓣中间带有棱线，并且在花瓣中间镶嵌有珠纹和楔形间瓣的纹样。作为这种纹样的典型代表，会经常提及丰浦寺的例子。在奥山久米寺、中宫寺、平隆寺、北野废寺（山背）等寺庙中，也可以看到相同的百济式纹样。关于这个系列的檐头筒瓦，正如在第一部分第一章的"日本的瓦"中所叙述的那样，被认为带有古新罗的特征。

在7世纪第二四半期的檐头板瓦中，也可以看到装饰有蒲葵的瓦当面，其中以法隆寺和西安寺遗迹为代表。在法隆寺，从早期的若草伽蓝遗迹就出土了这种纹样。这是在莲花瓣内装饰五叶蒲葵的瓦，同范品在斑鸠宫遗迹和中宫寺遗迹中也有出土。从西安寺遗迹中，出土了莲瓣和五叶蒲葵每隔四个相互交错的纹样的瓦。除此之外，在稍后的时期，从野中寺和横见废寺（位于广岛县丰田郡本乡町下北方）中也出现了莲花瓣内装饰有蒲葵的瓦。古代高句丽就有以蒲葵作为瓦当纹样的瓦，后来被新罗引用，又

7世纪前半期的檐头筒瓦
① 定林寺遗迹 ② 飞鸟寺 ③ 船桥废寺 ④ 奥山废寺 ⑤ 新堂废寺 ⑥ 普贤寺遗迹

传到了日本。

到了7世纪中叶，出现了莲花瓣内带有子叶的瓦当纹样。与之前的无子叶莲瓣纹样相对应，这种纹样称为有子叶单瓣莲花纹样。作为具有这种纹样结构的资料，广为人知的是山田寺创建时期的瓦当纹样。通过《上宫圣德法王帝说》的"注释"记载，可以确定山田寺的创建年代为舒明十三年（641年），由此它也就成为檐头筒瓦编年的一个基准。为此，研究者将带有这种纹样结构的檐头筒瓦称为山田寺式。近年，通过对木之本废寺和吉备池废寺的发掘调查，发现了具有同样纹样的檐头筒瓦。学界普遍认为木之本废寺或者吉备池废寺中的某一个废寺很可能是当初的百济大寺，从百济大寺创建于舒明十一年来推断的话，山田寺式檐头筒瓦的出现还可以再向前追溯几年。这种纹样的特征是，除了在莲花瓣内带有子叶以外，在它外缘还有多重的圆圈。也就是说在这个阶段，檐头筒瓦的纹样结构已经发生了很大的变化。这种纹样在朝鲜半岛和中国未曾出现，所以可以认为它是"瓦当纹样大和本土化"的代表，具有划时代意义。同时可以认为这也是大兴寺院建造的一个具体体现。在无子叶单瓣莲花纹样的瓦制品中，也曾出现过这种外缘带有重圈的檐头筒瓦，这种外缘带有重圈装饰的檐头筒瓦，是以山田寺式檐头筒瓦的出现为契机而产生的。

进入7世纪第三四半期的中期后，开始盛行在瓦当面上装饰复瓣莲花纹样。川原寺、小山废寺、新建法隆寺等三处寺庙创建时期的瓦当纹样最具代表性。在这三座寺庙中，最早兴建的是川原寺，接下来是小山废寺和法隆寺。关于法隆寺，也有可能是进入7世纪第四季度之后兴建的。这些纹样结构，在全国各地随处可见，分别被称为川原寺式、小山废寺式（纪寺式）、法隆寺式。

川原寺式檐头筒瓦的纹样，各莲花瓣的瓣间界限一直达到中房,在外缘环刻有一轮锯齿纹。中房的莲子以中间的一颗为中心双重环绕,因此,中房部分比照之前的纹样面积有所增大,而且,瓦当直径也随之变大。小山废寺檐头筒瓦纹样的莲花瓣形状与川原寺的例子非常相似,在外缘部分都设计有雷纹。这种纹样结构非常特殊,普遍认为小山废寺是此种纹样最古老的代表,除此以外,在大和地区的川原寺发掘调查中也只出土了两件。因此,需要特别关注的问题是,这个体系的瓦当纹样究竟是如何传到大和以外的地方的。法隆寺檐头筒瓦纹样的特征是,莲花瓣的界线只到花瓣的边缘部分。乍一看,就仿佛单瓣里面有两个子叶一样。它的外缘环刻有线形锯齿纹,子叶的顶部向内凹进,宛如凹瓣形状。

到了7世纪第四四半期,外区被分成内缘和外缘,内缘装饰珠纹,外缘环刻有锯齿纹。这种纹样是以天武天皇发愿兴建药师寺(本药师寺)为契机出现的。同样的纹样,在兴建藤原宫时也被使用过。在宫殿建设中首次使用瓦葺房顶,并在屋檐前端使用了这个系列纹样的檐头筒瓦。随着这个纹样的出现,奈良时代的大部分檐头筒瓦,都将外区分成内外缘,瓦当的直径重新出现小形化,大多在16厘米以内。

8世纪的瓦当纹样,基本上都是在内区装饰复瓣莲花纹,而在外区内缘装饰珠纹,外缘环刻锯齿纹。然后在中房部分,以中间的一颗莲子为中心,环绕着点缀若干个莲子。尽管用文字描述是相同的,但是实际上莲花瓣和周围花瓣的形状、莲子和珠纹,还有锯齿纹的数量等却形式多样。以平城宫为例,就有装饰了79种复瓣莲花纹样的檐头筒瓦,说明当时制作了很多种瓦当范[1],这一现象

---

1. 檐头瓦的纹样部,也就是瓦当部的制作方法是,将黏土塞进刻有纹样的模具中进行制作,这种模具被称作瓦当范。在日本古代制作的瓦当范,虽然没有留存下来的实物,但是从其留在纹样部的痕迹可以看出大多是木质模具。

也就充分说明当时是如何大力开展兴建工程的。这些纹样形式多样，有中房只有一颗莲子的、外区只雕刻了珠纹的、锯齿纹被刻成凸形锯齿纹的、环绕唐草纹的、不使用珠纹而使用圈线进行划分的、另外还有没有莲花纹而只有重圈纹样的。如果再加上全国各地国分寺的瓦当纹样的话，8世纪的瓦当纹样种类数目庞大，真可谓是缤纷多彩的纹样结构。

长冈宫的檐头筒瓦使用了单瓣莲花纹样，外区只设计了珠纹带。在中房的莲子中，甚至可以看到制作并不精细，就像连成十字形的图案。

平安京内的檐头筒瓦，可以分为平安宫系独自的一类和在西寺所见到的东大寺系的一类。平安宫所使用的檐头筒瓦的纹样，基本上都给人一种平板的感觉，既有单瓣莲花纹样也有复瓣莲花纹样，而外区基本上只有珠纹带。

到了平安时代中期，纹样结构变得单调，莲花纹样以单瓣为主流，瓦当的直径也比较小。这种倾向一直持续到平安时代后期，虽然其中也有一些例外，但是基本都使用小型檐头筒瓦。平安时代后期的纹样结构，尽管是以莲花纹样为基调，但是在平安京可以看到的瓦当纹样种类却多达数百种。这些瓦基本都用于以承保二年 (1075年) 开工的法胜寺为代表的六胜寺，以及在应德三年 (1086年) 开始兴建的鸟羽离宫。由于这个时期，政府已经没有兴建御愿寺和离宫的能力，所以采取了让各属国承担经费，并从各国搬运资材的形式。因此，平安后期的瓦当纹样种类才会如此之多。

除了以上纹样以外，平安后期还出现了崭新的巴纹纹样。而且还出现了在瓦当面装饰宝塔、佛像、梵字的倾向，在这之后，巴纹一直成为瓦当纹样的主流。

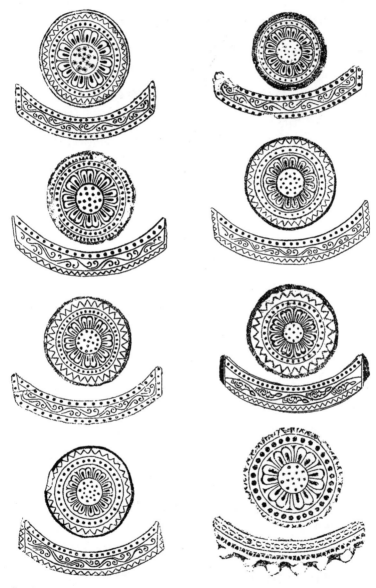

藤原宫使用的主要的檐头瓦纹样

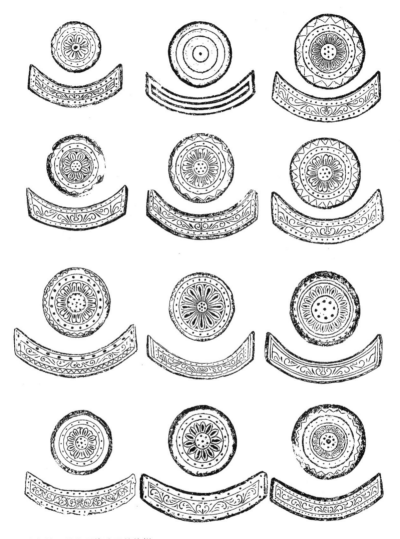

平城宫使用的主要檐头瓦的纹样

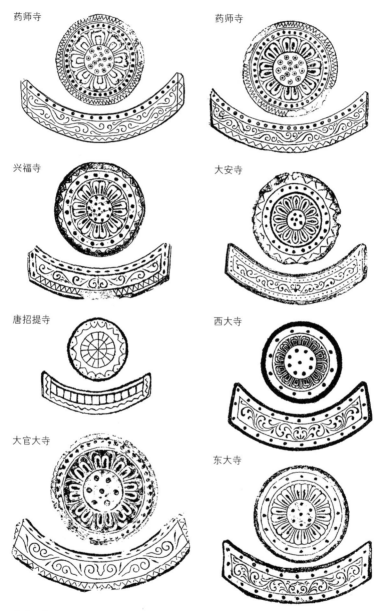

药师寺　　　　　　　　　　　　药师寺

兴福寺　　　　　　　　　　　　大安寺

唐招提寺　　　　　　　　　　　西大寺

大官大寺　　　　　　　　　　　东大寺

在藤原京、平城京的各寺庙中使用的檐头瓦的纹样

檐头板瓦

　　正如前面多次提到的一样，就在瓦的技术传入日本之时，在中国大陆和朝鲜半岛，还没有生产出在瓦当部装饰明确纹样的檐头板瓦。之所以在飞鸟寺创建时期见不到檐头板瓦，就是出于这个原因。檐头板瓦首次出现是在兴建法隆寺，也就是兴建若草伽蓝时使用的。这种纹样是将五叶和七叶的蒲葵翻转过来的装饰，与兴建若草伽蓝大概同一时期的坂田寺也有翻转三叶蒲葵纹样的檐头板瓦。

　　从若草伽蓝出土的资料中发现了瓦当面上留下的痕迹，并且在七叶蒲葵顶部也发现了留下的小孔，由此可以大致了解纹样的制作方式。也就是说，当时很可能是将刻有纹样的板状模具扣到瓦当面上，然后再照样描绘的。具体做法就是沿着纸型留在瓦当面上的纹样画线，对其进行适当的干燥后再雕刻成纹样，这是一道非常繁琐的作业。很可能是由于大量生产的缘故，在一些出土品的瓦当中可以发现，有的瓦当是一边描绘纹样一边进行雕刻的。所以，有一些可能是由于操作失误，把本应该留下的却削掉了的情况。还有更为奇怪的是，明明已经制作出了檐头筒瓦纹样部的瓦当范，而在制作檐头板瓦时却没有这一工序。也许，在刚开始制作"物"的时候，出现这种情况是不可避免的吧。

　　通过对若草伽蓝进行的发掘调查，可以断定这种檐头板瓦在建寺初期时就使用在了金堂上。在兴建塔时，先制作一个单位的蒲葵印章，然后将其上下交替着从纹样面的一端向另一端逆向按印。这样一来，实际并没有翻转的蒲葵纹样，看起来却好像翻转了一样。到了下一个阶段，终于发现需要制作与檐头筒瓦一样的瓦当范，于是就在此处填入黏土，制作出檐头板瓦的瓦当部，瓦当纹样为均整忍冬唐草纹。这种檐头板瓦，除了若草伽蓝以外，还从斑鸠宫和中宫寺也出土了实例。因为斑鸠宫在皇极二年 (643年) 被苏我氏的军队烧毁，因此，可以确定这种檐头板瓦的制作年代应该早于这个时间。

如上所述，在斑鸠地区，檐头板瓦的制作一直在不断的试验和改进中。而在飞鸟地区，除了在坂田寺制作过檐头板瓦以外，之后再没有继续进行的迹象。从斑鸠、飞鸟地区都使用蒲葵这一装饰来看，其设计者很可能是同一个技术人员。因为斑鸠地区在此之后还在继续进行檐头板瓦的制作，由此可以推测出其技术人员很可能属于斑鸠寺营建工房。

在日本，自重弧纹檐头板瓦出现之后，才真正开始了檐头板瓦的制作。大多数情况下，都是使用梳齿状的器具，先在纹样面上制作出两重、三重、四重弧线的。但是，也有在纹样面上仅画一条沉线，制作出双重弧的情况。为此，也有学者认为重弧纹样的起源是在屋檐前端铺葺双层板瓦的缘故。也许在不使用檐头板瓦的早期阶段，曾经有过这种铺葺方法。在元兴寺文化遗产收藏库的屋檐处，就铺葺着被复原的飞鸟寺创建期使用的十瓣檐头筒瓦，同时还将两块板瓦重叠铺葺在一起。

关于重弧文檐头板瓦的起源时间，学界尚无定论。使用重弧文檐头板瓦的著名寺庙当属山田寺，这里的檐头筒瓦是有子叶单瓣莲花纹装饰，这种纹样结构属于早期阶段。另外，在比山田寺早两年兴建的、很可能是百济大寺的吉备池废寺和木之本废寺，也使用了与山田寺的檐头筒瓦纹样非常相似的檐头筒瓦。这些檐头板瓦是在若草伽蓝使用的印章纹，在纹样面上还可以看到几条弧线。根据以上实例可以推断，重弧文的出现应该在7世纪第二四半期的中期。

重弧纹的纹样非常单调，也许就因为其纹样简单，所以在从东北地区到九州地区的广大范围内都可以看到它。这种纹样的时间跨度比较大，在8世纪的檐头板瓦中也可以看到它的存在。施加纹样的方法有两种，一种是通过瓦当笵来施加纹样的方法，另一种是使用梳齿状器具，在板瓦的宽侧瓦当部纹样面"压拽"拉长线条的形式。关于这个时期使用的瓦当材质，目前尚无定论。但是因为至少要制作数百个重弧文檐头板瓦，所以可以确定制作瓦当所使用的一定是坚固的材质。

在"压拽"重弧纹中，可以发现在拽的过程中，有几次曾经停止压拽的痕迹，看起来就像竹帘状一样。这种纹样在法论寺、长福寺废寺、上植木废寺（位于群马县伊势崎市上植木本町）都有出现。除此以外，还有像在小山废寺（位于三重县桑名郡多度町小山）出土的资料一样，使用瓦当笵来表现的纹样。

作为重弧纹中的特殊实例，久米寺和河内寺的施有○印和×印的纹样最具代表性。○印是使用竹管状器具按压的，而×印则是使用刮刀类器具刻成的。然后在瓦当面的底部，还有好像是用手指压出的波浪形。究竟是出于何种原因才使用手指制作这种纹样的呢？在河内寺，也有一些瓦当的颚部，同样施有几条与瓦当面一样的○印和×印的凸线。在颚面施加纹样的情况比较多见，作为早期的实例，在若草伽蓝和中宫寺，都可以看到均整的忍冬唐草纹檐头板瓦的颚部使用"刮刀"刻出的忍冬唐草纹，其手法非常娴熟。在上植木废寺出土的重弧文檐头板瓦中，也可以看到使用"刮刀"刻出的正面莲花的纹样，其中大多数都是表现了数条直线和波浪线。而樫原废寺的檐头板瓦的瓦当面上却没有装饰任何纹样。尽管在板瓦的宽端带有非常明显的颚状，而在瓦当面上却没有施加纹样，是素纹。这种情形下，在颚面上施加纹样的意义又何在呢？在樫原废寺出土的檐头板瓦的其他实例中，还有在颚面上拽

若草伽蓝的檐头板瓦　在每个蒲葵的头部都留有固定"型"的小孔,在右端还可以看到忘记雕刻的三角形的纹样

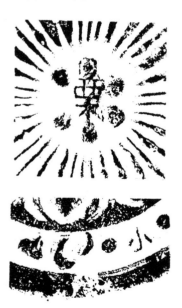

元兴寺文化遗产收藏库的屋檐　在檐头重叠铺葺了2块板瓦

标记有"瓦窑"名字的瓦　上:栗栖野瓦窑,下:小乃瓦屋

施有〇×纹的重弧纹檐头板瓦

难波宫的檐头瓦

出两条沉线的,这个瓦当面也是没有纹样的素纹。檐头板瓦的瓦当面呈素纹的实例,在法轮寺和四天王寺中也可以看到几个。此外,在腰滨废寺(位于福岛市腰滨町·滨田町)的出土文物中,也发现了在檐头板瓦的颚面使用模具按压出纹样的例子。

根据地域的不同,进入8世纪后也有制作重弧纹檐头板瓦的情况,而在此期间已经开始出现将蒲葵从一个方向向另一个方向翻转装饰的偏行忍冬唐草纹样。在大和地区的巨势寺(位于奈良县御所市古濑)就发现了这种上外区排列珠纹,下外区装饰凸起锯齿纹的纹样。尽管这种纹样有些形状上的变化,不过在吉备地区和四国地区也都可以见到。

到了7世纪第四四半期,蒲葵纹样发生了进一步的变化。其代表为法隆寺橘夫人念持佛像橱子的边框和当麻寺(位于奈良县北葛城郡当麻町当麻)梵钟上的变形忍冬唐草纹。虽然无法确定这种纹样是否是从蒲葵演变而来的,不过因为它出现在药师寺(本药师寺)和藤原宫,所以可以判断这种瓦当纹样的成立时间大约在7世纪第四四半期上半期。几乎在同一时期,偏行唐草纹样也被使用到了檐头板瓦上,这种纹样被认为是偏行忍冬唐草纹的演变。从尼寺废寺出土的檐头板瓦的纹样中,可以看到这两者的特点。因为在本药师寺和藤原宫,也都可以看到变形忍冬唐草纹和偏行唐草纹,所以这些纹样很有可能出现于同一时期。在变形忍冬唐草纹檐头板瓦和偏行唐草纹檐头板瓦中,可以看到有一些基本相似的纹样。之所以出现这种情况,很可能是因为造药师寺司与造宫职为了应付瓦的大量生产,而制作了多个瓦当范的缘故。在偏行唐草纹样中,既有在上外区点缀珠纹,下外区和边缘装饰锯齿纹的,也有在外区和边缘都装饰锯齿纹的。两种纹样中,后一种纹样的出现时间要稍晚一些。

在7世纪第四四半期的檐头板瓦的瓦当纹样中，还有一种特殊纹样就是葡萄唐草纹。葡萄唐草纹在海兽葡萄镜中比较受欢迎，但是作为瓦当纹样的情况却比较少。虽然在日吉废寺（位于静冈县沼津市大冈长者町）和下野药师寺（栃木县河内郡南河内町药师寺）也可以看到这种纹样，但是基本限定于大和地区的特定领域内。从纹样结构判断，冈寺的葡萄唐草纹可以说是日本出现这种纹样的最早作品。虽然很难从纹样中了解冈寺兴建的缘由，但是可以确定的是，该寺是持统天皇为了追悼草壁皇子而发愿兴建的。从持统天皇对草壁皇子的哀惜之情来判断，该寺的建立时间应该距离皇子去世的持统三年（689年）不会太久远，由此也就可以推算出葡萄唐草纹是在690年代被采用的。在朝鲜半岛统一之后的新罗，可以看到很多这种纹样。另外从冈寺出土了装饰有天人和凤凰图案的砖，与统一新罗的纹样资料非常相似。由此可以断定，这种葡萄唐草纹样是受到新罗的影响而制作的。不过二者稍有不同的是，新罗的瓦当面唐草纹大多是从两侧向中心翻转的，而在日本，纹样则是从瓦当面的中心向两侧翻转的。

就在本药师寺和藤原宫的兴建工程还在进行时，文武朝的大官大寺已经开始采用崭新的瓦当纹样。这是一种在内区用中心的叶子来支撑花头形中心装饰，并在其左右添加翻转的唐草纹，然后在上外区点缀菱形珠纹，在下外区和边区点缀线形锯齿纹的纹样。从此以后，檐头板瓦的瓦当纹样基本以均整唐草纹为主流，所以可以说均整唐草纹始用于文武朝的大官大寺。在《大安寺伽蓝缘起并流记资财账》中，只记录了文武天皇兴建了九重塔、金堂和丈六像，并没有提及具体建造时间，但是在《续日本纪》中却可以看到有关大宝元年（701年）七月，准予造大安寺司为寮的记录。这个记载被认为是依据大宝令的制定、施行而进行的机构整顿。因为在第二年八月，高桥朝臣笠间被任命为造大安寺司，所以可以认定兴建工程始于这个时期。如果依此推算的话，那么均整唐草纹的瓦当纹样就应该是在8世纪初形成的。

在8世纪的檐头板瓦中，瓦当纹样以均整唐草纹为主流。在8世纪第一季度，基本的纹样结构即，在中央部分设计由中心叶支撑的花头形中心装饰，唐草纹向两侧翻转，并在上下外区和两侧点缀珠纹。从7世纪后半叶开始，全国各地开始大兴寺院兴建工程。不仅如此，除了寺院以外，同时还进行了宫殿以及各属国的国厅、郡衙等地方官厅的建设。由此，随着瓦葺建筑的逐渐增多，促使纹样种类也越发丰富多样化。

从8世纪第二四半期到第三四半期时期，檐头板瓦的纹样种类远远超过了檐头筒瓦，其形式越发多样化。之前在檐头筒瓦部分介绍过重圈文檐头筒瓦，为了与这种檐头筒瓦相组合使用，后来就出现了重郭纹檐头板瓦。重郭纹檐头筒瓦也同样，这种纹样的寓意实在令人难以琢磨。在大和地区，随着东大寺的兴建又出现了新的纹样，这是一种以对叶花纹为中心装饰的纹样。带有对叶花纹的唐草纹样，早在文武朝大官大寺出土的金属橡木装饰上就有发现，这些在东大寺的佛教资料、佛像的光背和宝冠上是屡见不鲜的。为此，这种纹样也会被称为东大寺式檐头板瓦。由于唐草纹样中装饰有很多支叶，所以看起来非常华丽。

长冈宫檐头板瓦的唐草纹样结构给人一种平城宫末期的感觉，虽然中心装饰物中也有中心叶，却没有花头形的垂饰，而且在中心叶内设计有井字形，其寓意为何令人很难判断。

在平安时代前期所生产的檐头板瓦中，既有如东大寺和唐招提寺出现的带有中心装饰的，也有带有相向的C字形中心装饰物的板瓦，后者可以说是平安宫特有的一种纹样。由于这种纹样的中心叶相连很近，所以看起来很像带有C字形的轮廓，这种情况在唐草纹中也有出现。仔细观察平安时代前期的檐头板瓦，就会发现有很多瓦上都带有对向的C字形中心装饰物。其中，还可以看到在《延喜式　木工寮[1]》中记录的代表栗栖野瓦窑的"栗"，以及代表小乃瓦屋（位于京都市左京区上高野小野町御瓦屋的森林）的"小"字纹样。

自9世纪末叶以后，唐草纹已经基本形式化。而过了11世纪之后，它与檐头筒瓦一样，山城国产的制品逐渐减少，从以播磨国为首的几个属国搬运来的瓦制品占据了主导地位。就如在檐头筒瓦部分已经叙述过的一样，这种现象是由六胜寺和鸟羽离宫的兴建带来的。这个时期的纹样结构主要以看似复杂的唐草纹为主体，除此之外还有剑头纹、巴纹等，剑头纹被认为是从并列的莲花瓣变化而来的。另外，到了平安时代后期，开始出现带有梵字和纪年等文字的纹样装饰，不仅如此，还有一些极特殊的将密教法具当作纹样装饰的实例。

瓦当范

在檐头瓦的制作过程中，瓦当范起到了重要的作用，但是，遗憾的是目前发现的古代瓦当范却很稀少。如后面将要叙述的那样，至今已经出土的日本古代的瓦当范都是用陶制作的。在中国大陆和朝鲜半岛发现的瓦当范也几乎都是陶制品，使用时间从战国跨越到明代。在朝鲜半岛，发现了百济和统一新罗的瓦当范。而在中国，根据调查报告可以确定大约有三十个左右的瓦当范，其

---

1. "木工寮 车载"（《国史大系　延喜式》794 页）。

中只有一件是石制品,其余都是陶制品[1]。在中国发现的瓦当范,分为直接制作瓦当部的"子范"和制作"子范"的"母范"两个种类。"母范"的实例很少,其中有一个被称为壶型母范的秦代物品,之所以这样称呼,是因为瓦当纹样是装饰在壶底部的缘故。据说只要将印有瓦当纹样的水壶放到黏土板上,然后用力下压装满水的水壶,就会借助压力制作出阴刻的瓦当范,这个实例的确值得关注。据报告显示,朝鲜半岛的瓦当范出土于亭岩里瓦窑遗址和金丈里瓦窑遗址。也许由于日本古代的瓦当范都是木制的,很难保存下来,所以目前只发现了三件陶制的瓦当范。也就是说,因为造瓦工房大多会建在距离瓦窑较近的丘陵地区,所以不利于保留木制瓦当范的遗物。关于没有实际遗留物品的古代木制瓦当范的研究,也只能从檐头瓦的瓦当部所留下的痕迹来进行研究了。

在木制瓦当范中,根据其材质的不同,也可以从瓦当面看到有关范的详细情况。例如,可以了解瓦当范渐渐出现破损的情况,或者是一边修补破损的瓦当范一边使用的情况。

另外,在檐头瓦的瓦当纹样中有很多非常相似的情况,并且它们都是从相距很远的其他地区的遗迹中出土的,这一现象绝非偶然。在这些出土品中,既有使用相同瓦当范制成的,也有使用几个相似的瓦当范制作的。因此,通过瓦当纹样也可以了解到许多有关瓦当范的情况。

瓦当范的制作

日本古代制作的檐头板瓦的瓦当范,除去几个特例以外都是木制的。除了木制瓦当范以外,只有三例陶制的瓦当范。第一例

---

1. 关野雄"中国历代的瓦当范"(《古文化谈丛》26,73页,1991年)。

是在千叶县 (下总) コジヤ (Kojiya) 遗迹 (位于千叶县香取郡栗源町岩部) 出土的[1]，第二例是在信浓东山遗迹 (位于长野县筑郡丰科町东山) 出土的[2]，第三例是从新堂废寺出土的[3]。以下对此加以简单叙述。千叶县Kojiya遗迹的出土例，是在低圆筒形的上面带有纹样部的瓦当范。虽然已经在外区制作了珠纹带，却没有制作外缘部分。内区的纹样是单瓣莲花纹，在莲花瓣的中央有一条竖线。东山出土的是圆板状的瓦当范。内区的纹样好像是蒲葵，但是却已经退化了许多。其外区被制作成两层，可以想象这个瓦当范制作的檐头筒瓦外区部分一定很高，目前还没有发现使用这些瓦当范制作的制品。在新堂废寺出土的文物，是仿照锯齿纹复瓣莲花纹檐头筒瓦的纹样部后烧制成的，尽管出土的是碎片，但也被看作是瓦当范。

除了以上实例以外，其余的瓦当范都是木制的，之所以这样断定，是因为檐头瓦的瓦当面上留有木纹的痕迹。虽然近年来瓦生产者都使用石膏来制作瓦当范，但是在此之前还都是使用木制瓦当范的。据说木质瓦当范的材质基本都是樱木，这是因为樱木的木形非常结实。在古代虽然也有使用坚硬的木材制作瓦当范的情况，但很可能基本上都是使用比较普通的材料，如扁柏之类的直木纹木材。在四天王寺、药师寺、平城宫等出土的瓦当范可以说是最典型的例子。如果仔细观察各地的檐头瓦的话，就会多少发现留在瓦当面上的瓦当范的划痕。由此可以推断，日本古代的瓦当范几乎都是木制的。

---

1. 齐木胜 "瓦当范一例—千叶县栗源町kojiya遗迹出土资料"（《考古学杂志》73—2, 105页，1987年）。

2. 京都国立博物馆《畿内与东国的瓦》247图，1990年。

3. 大阪府教育委员会《新堂废寺发掘调查概要》图版24, 1996年。

陶制瓦当范 千叶县kojiya遗迹

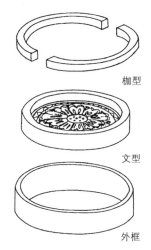

枷型

文型

外框

陶制瓦当范 长野县东山遗迹

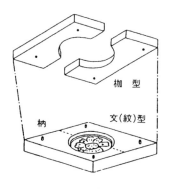

枷 型

柄 文(紋)型

切割型结构设想图

巨势寺的檐头筒瓦　从纹样面上可
以看到年轮的痕迹

巨势寺的檐头筒瓦　从纹样面上可
以看到年轮的痕迹

仔细观察檐头筒瓦的话，就会发现在外缘的外侧，距离外缘一厘米以内的位置上会显示有高低落差，这个落差是雕刻在瓦当范上的外缘的深度。从其痕迹判断的话，很可能是在正方形或者长方形的板材上雕刻的瓦当纹样，这种可能性，通过瓦当里面的筒瓦位置可以进一步断定。这是通过对从平城宫出土的藤原宫式檐头筒瓦的观察得出来的推断，藤原宫式檐头筒瓦有好几种类型，在特定的檐头筒瓦中，有些筒瓦的安装位置正好与出土资料完全相同，另外也有一些上下完全相反的情况。总之，筒瓦的安装位置存在0度和180度两种情况[1]。之所以会出现这种情况，很可能是因为在长方形的板材上刻入瓦当纹样后，将黏土压入瓦当范内，接下来在安装筒瓦之际，并没有决定好将其安装在瓦当范，即长边的哪一侧。在其他的檐头筒瓦中，当将某个文物资料放到正位置时，筒瓦的安装位置会有90度、180度、270度三种不同的情况。如果是长方形的话，一般情况下都会将瓦当范的长边置于眼前位置，而不会将短边放置眼前。但是，之所以出现了从0度到270度的四种不同筒瓦的安装位置，很可能是因为雕刻瓦当纹样的板材是正方形的缘故。正因为在这种长方形和正方形的板材上雕刻了瓦当纹样，才会在檐头筒瓦的外缘外侧形成了高低差。

　　虽然已经可以断定这种瓦当范的确存在，但是如果研究筒瓦的安装位置的话，就会发现除了每90度的位置出现差异以外，也有不在规定位置上的360度的特例。这种瓦当的出现，很可能是由于它是在圆形材质上刻上瓦当纹样，并且没有明确标示筒瓦的安装位置而造成的结果。说到圆形的瓦当范，巨势寺的出土资料非常值得关注，因为在其瓦当面上显示有年轮。这种将木材切割

---

1. 奈良国立文化遗产研究所"平城宫发掘调查概要Ⅸ"（《同研究所学报》34、91页，1978年）。

成圆形，并在上面刻上纹样的实例，除了巨势寺以外尚未发现其他的例子，而在巨势寺却至少出土了两种这样的瓦当范。然而，两种瓦当范都没有将年轮的中心与瓦当纹样的中心，即中房位置相吻合，反而像是在配合年轮的中心一样，究竟为何会这样，实在令人捉摸不透。

关于制成圆形的瓦当范，值得关注的是是否有枷型。圆形的瓦当范，是将外区外缘的纹样部都作为瓦当范而制作的。现在的制瓦业界所生产的石膏瓦当范，大体上都采用这种结构。在将黏土填入瓦当范内时，为了不让黏土超出外区以外，会在瓦当范的周围加上一个外框。这种制法在古代也被采用，被称为枷型制作[1]。这种枷，也就是外框，是为了不让黏土溢到外面，并且根据瓦当的厚度，制作两个半圆形合到一起形成圆形的。因为，将两块枷型合在一起时，会出现些许的间隙，为此就需要往间隙处填入黏土。在日本全国各地都可以看到留有这种痕迹的檐头筒瓦。

作为瓦当范的材料，有的檐头筒瓦采用了特殊的木材，这便是之前提到的巨势寺的檐头筒瓦，其特征为在瓦当面上压有年轮的痕迹。很明显这是将木材按圆形横断切开后制作的瓦当范。这种瓦当范别无他例，只有在巨势出土过，并且在巨势寺营建工房至少有两种这样的瓦当范。之所以能够制作出这种独特的瓦当范，也许是因为巨势寺的营建工房拥有有别于其他的特殊工匠集团的缘故。在巨势寺，既有比这种檐头筒瓦更古老时期的制品，也有新时期的制品存在。所以可以认为在某个时期，有拥有特殊技术的工匠加入了该工房。

---

1. 星野猷二"镫瓦制作和分割型"（《考古学杂志》67—2，41页，1981年）。

毛利光俊彦"关于檐头筒瓦制作技术的考察—范型与枷型"（京都国立博物馆《畿内与东国的瓦》161页，1990年）。

瓦当笵的改制

在檐头瓦中，尽管可以确定是同笵品，但是纹样的某一部分却会有细微不同。这种改制方法早在制瓦初期就已经使用过。目前可以断定的是，在创建若草伽蓝时期制作的无子叶单瓣九瓣莲花纹样檐头筒瓦，使用了飞鸟寺工程较早阶段的瓦当笵。两者的不同之处是在其瓦当笵的中房，又多刻了两颗莲子。这很可能是出于某种原因，为了与飞鸟寺使用的瓦当笵加以区别的缘故。因为只多刻了两颗莲子，所以给人一种不对称的感觉，当时为什么没有匀称地加刻四个莲子呢？

在若草伽蓝的檐头筒瓦中，有一些增添了中房的莲子。有两种纹样非常相似的瓦当，只有其中的一种多刻了莲子。当初的莲子是以中间的一颗为中心，周围环绕着八个莲子。而在下一个阶段，则在中间的莲子和八个莲子之间又多刻了五个莲子，形成双重莲子环绕的形状。

在奈良时代的瓦当笵中，也有为了与之前制作的瓦当笵相区别，进行了改制的例子。天平十七年，当首都从恭仁迁到平城之后，制瓦工房也从恭仁搬迁到了平城。这种发生变化的瓦当笵，很可能是在从恭仁宫（位于京都府相乐郡加茂町例幣）营建工房搬运到平城宫营建工房的阶段被改制的檐头筒瓦的瓦当笵。在恭仁宫时期，瓦当的外区外缘环刻有线形锯齿纹。而在天平十七年平城迁都之后生产的瓦中，其外区外缘却刻有凸起锯齿纹。虽然无法将环刻凸锯齿纹的瓦当笵改制成线形锯齿纹的瓦当笵，但是与此相反的做法却是可以的。因为瓦当笵的其他部分完全相同，所以可以确认它是进行过改制的。从这种檐头筒瓦纹样发生变化的情况，可以推断在兴建恭仁宫时，橘诸兄得到了与其关系密切的栗隈氏的帮助。也就是说，原本这种檐头板瓦是在栗隈氏兴建平川废

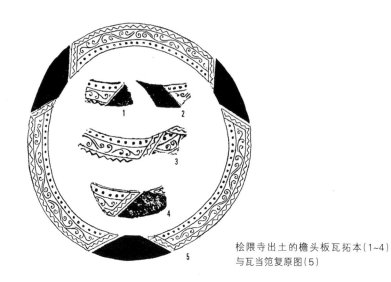

桧隈寺出土的檐头板瓦拓本（1~4）
与瓦当范复原图（5）

恭仁宫

飞鸟寺

平城宫

斑鸠寺

将线形锯齿纹改刻成凸起锯齿
纹的例子（恭仁宫→平城宫）

中房部位增刻了莲子的
檐头筒瓦（若草伽蓝）

增刻了2颗中房莲子的例
子（飞鸟寺→斑鸠寺）

寺 (位于京都府城阳市平川) 时所使用的,后来在兴建恭仁宫时,栗隈氏将瓦当笵提供给了橘诸兄。当然,除了这种瓦当笵,还会有其他的援助。而且,来自栗隈氏的援助,不可能只体现在制瓦方面。恭仁宫的兴建工程,并不是经过充分的准备后进行的,其过程一定非常忙乱。虽然也有从平川废寺搬运到恭仁宫的瓦当笵,却没有进行瓦当笵的改制,可能就是因为匆忙所致。不过,关于平川废寺,并不是没有其他的问题点存在。在该寺的出土物品中,发现了好几种与平城宫和药师寺相同笵品的瓦当,关于这一点将在下一章进行叙述。

如上所述,不仅可以了解瓦当笵改制行为背后的事情,还可以了解到为何没有进行改制的原因。在若草伽蓝的檐头筒瓦中,也出现了之前提到的实例。中房的莲子由起初的1 + 6演变为后来的1 + 6 + 8,以中间的一颗莲子为中心,在周围多刻了两圈的莲子。究竟为何会在同一个寺院里出现这种改变,目前尚无定论。这种檐头筒瓦的中房被制作得很大,可能是因为如果采用1 + 6的结构的话,中间的间隔会太大,所以变成了环绕双重莲子纹样。另外还有一种纹样结构与此非常相似的例子,不过,那种纹样从一开始就是设计成双重莲子造型的。

瓦当笵的修理

在出土的瓦当面上,常会看到瓦当笵有明显的磨损痕迹,随处可见沿着木纹出现的裂口。这种带有损伤的瓦当,在瓦当面上并不能看到曾经修理过的痕迹,也许是在瓦当笵的内侧对其进行了加固措施吧。另外也有一些纹样不太鲜明的瓦当,这很可能是由于黏土塞入了纹样部分。但是,如果像四天王寺创建时期的檐头筒瓦那样,出现了大量的纹样不清晰的瓦当的话,很可能是由于瓦

平城宫东院的复古瓦

平城宫的这种瓦当纹样被用于东院的复古瓦

当范的纹样部分受到磨损而出现的。如此一来，就说明是使用脆弱的材质制作了这种瓦当范，而且曾经使用某种方法对瓦当范进行过修补。

在新堂废寺[1]和明官地废寺[2](位于广岛县高田郡吉田町中马)，确实出土了显示瓦当范有修补痕迹的檐头筒瓦。这些瓦当范的中房部分的木纹方向都与其他瓦当范不同，很可能是由于中房部分受到损伤而进行过修补，就是挖掉原来的部分后重新制作的。

也许因为瓦当范的纹样部有容易磨损之处，所以与同范品进行比较的话，就会发现珠纹有大小差异，而且界定内外区界限的宽窄也有不同的情况。因此，这些也可以包含在所谓的瓦当范的修理范畴之内。在平城宫出土的瓦制品中，檐头筒瓦有150种，檐头板瓦有120种，这其中有20种檐头筒瓦和9种檐头板瓦都经过了某种程度的修补。

---

1. 大阪府教育委员会《新堂废寺发掘调查概要 Ⅱ》49页，1997年。
2. 广岛县立埋藏文化遗产中心《明官地废寺遗迹—第三次发掘调查概报》13, 25页，1989年。

瓦当范的复制

　　纵观各地的檐头瓦,就会发现有很多非常相似的瓦当纹样。相似的程度会令人误以为是同范品,其实却非如此。下野药师寺和上神主·茂原遗迹的檐头板瓦就是这种现象的典型例子。中心装饰的形状、唐草纹样的组合方式,以及翻转情况等的确是非常相似,两者间的区别就在于它们的大小不同。在同范品中虽然也会出现大小不同的情况,但这只是在烧制过程中由于火候不同而产生的微小差异。但是,下野药师寺和上神主·茂原遗迹的瓦当范却超出了这个限度,由此,脑海里就会出现类似铸造镜子时的"重复铸造"方式。

　　在古代的檐头瓦中,有很多被冠以如山田寺式、川原寺式、法隆寺式、药师寺式等名字,特定的寺庙名字来命名的檐头瓦遍布于全国各地。因为它们与上述各寺庙中使用的檐头瓦纹样结构非常相似,所以才会被如此称呼,其中甚至还会有被认为是同范品的。之所以会使用纹样非常相似的瓦,是因为存在类似的瓦当范,也就是制作了复制品。以法隆寺式为例,它主要分布于西日本,且种类繁多。既有与法隆寺创建时期非常相似的制品,也有似是而非的各个阶段的制品。关于这一点,将在下一章进行详细叙述。在经过几个阶段进行的重复复制的过程中,虽然仍然称为法隆寺式,却逐渐演变成脱离原来形状的瓦当范。通常在进行古建筑的解体修理和遗迹的整理复原之际,都会制作复古瓦,这些也可以称为所谓的瓦当范的复制品。

第五章

刻有文字与图的瓦

刻有文字的瓦

在古代的瓦制品中,有一些记录有文字的瓦。虽然算不上瓦的一个种类,也会按照惯例称之为文字瓦。但是,虽说都被称为文字瓦,其记载的内容和记载方法却多种多样。以这种文字瓦为首,像木简和墨书土器等文字资料的出土机会也在逐渐增多。从8世纪末的官衙、都城、城郭、部落、寺院等遗迹中出土了大量的文字资料,这些从地下出土的、所谓的被掩埋的文字资料,记录了过去每一个时期的内容,成为复原当时历史的绝好资料。虽说如此,但由于其记录的内容大多都是只言片语,所以实难令人准确解读。人们对于文字瓦的解释也是如此,对于其记录的内容,有时会出现几个不同的解读意见。因为事实只有一个,所以就需要进一步的研究。

文字瓦的刻记方法

说到文字瓦,有很多种记录文字的方式,最常见的例子就是使用削尖的棒状工具在瓦上书写文字。至于所使用的工具究竟是竹制还是木制，或者可能两者皆用，目前尚无定论。尽管肯定不是"刮刀"，但是同样也称其为"刮刀刻记"。因为瓦上的文字是在瓦坯成型后写上去的，所以，即使没有特意准备，也可以在作业场使用某一种东西来写上文字。"刮刀刻记"的文字之所以很多，可能就是出于这个原因。

经过事先准备而在制品上留下文字的一种方式被称为"刻印"，也就是把刻有文字的印章摁压到制品上的做法，其中最常见的是方印。就像在本章开头部分提及的那样，文字资料急剧增加是在进入8世纪之后，依据大宝律令的施行，开始了文书行政，于是印章就被印到了文书上。也可能是因为印章是方印，所以很多刻印的文字瓦中都使用了方印。瓦面上既有阳字也有阴字，显示为阴字的瓦面，说明其印章上雕刻的是阳字，这种瓦面的印章轮廓也非常清晰。

除了方印的印章以外，台渡废寺还出土了使用圆形印章的事例。这些瓦面上也有阳字和阴字，与方形相比，圆形印章非常罕见。这是因为圆形印章不好制作，并且在律令制下没有使用圆形印章的缘故。

即使是同样的"刻印"，也有在较宽的棒状器具上雕刻文字后将其摁压到制成的瓦坯上的方法，这种实例可以在恭仁寺和东大寺出土的瓦制品上见到。具体说来就是在长约20厘米，且有一定宽度的平坦的棒状器具上刻上文字，并将其摁压到瓦面上，所有文字都是阳字。

正如前面已经介绍过的一样，在制作瓦时，无论板瓦还是筒瓦，都有使用打板进行拍打的工序。可以通过在打板上刻上文字的方式，自动地将文字印记到瓦面上，这也是刻印的一种。不过，也有因为在制作瓦时，反复拍打同一个地方而使文字模糊不清的情况。

除此之外，还有一种特殊的情况。那就是使用桶卷制作板瓦时，在模骨上刻上文字的方法。这种手法在制作板瓦的过程中，可以非常自然地将文字印到瓦面上。不过，因为桶型上会缠有布块，所以刻在模骨上的文字是透过布块印记到瓦面上的。因此，瓦面上的文字不是很清晰。在武藏国分寺的出土例中，瓦面上显示的是阳字，这一点足以证明当时刻在模骨上的文字非常深。

除了以上这些以外，也有在瓦当面上显示文字的情况。包括在瓦当范上刻文字和直接在瓦当面上"刮刀刻记"的两种类型。另外，还有用手指在瓦坯上留下文字的情况，这些都可以算作是特殊的例子。

刻有寺院名字的瓦

在全国上千所古代寺院的遗迹中，可以确认名字的寺院遗迹屈指可数，几乎都是以某某废寺，或者某某寺遗址来称呼的。因此，一旦出土写有寺院名字的瓦，就会与文献史料相关联，在之后的研究中发挥重要作用。例如，通过对山王废寺的发掘调查，出土了几件写有"放光寺"的文字瓦[1]。一般来说，只要出土一个相关资料，就可以知道寺庙原来的名字，不过还是期待通过多个资料进行确认。因为山王废寺出土了多个实例，所以才能够确认其保有法灯时的名字。

在关东地区进行发掘调查的古代寺院中，山王废寺属于最早

---

1. 前桥市教育委员会《山王废寺第六次发掘调查报告书》38页，1980年。

时期的寺院。因此，从这一点可以认定它是了解关东地区佛教寺院兴建情况的重要遗迹。这个寺院因其遗留下来的石制鸱尾和带有莲花瓣的塔心柱根卷石而闻名全国，是一个极其特殊的寺院。该寺创建期的檐头筒瓦纹样也带有浓厚的畿内特色，是可以了解东国地区寺院兴建情况的绝好资料。放光寺的名字实际是在著名的上野三碑中的一个石碑，即山上碑上看到的。具体铭文如下所示[1]。

　　辛巳岁集月三日记

　　佐野三家定赐健守命孙黑壳刀自、此

　　新川臣儿斯多々襧足边孙大儿臣、娶三儿

　　长利僧母为记定文也、放光寺僧

　　从这个铭文可以了解，其所记录的放光寺僧长利是上野国放光寺的僧侣，而且这个铭文刻录的"辛巳"年是指天武十年（681年），由此便可以了解该寺院创建年代的下限。通过飞鸟寺和山田寺的实例，可以判断从开始寺院的兴建工程，一直到僧侣居住的僧房建成为止，大约需要七年到八年的时间。如此推算的话，山王废寺，即放光寺的兴建工程应该始于670年代。如果从山王废寺创建时期的檐头筒瓦的年代观来推算的话，创建年代还可以稍微提前一些。如上所述，通过研究出土的文字瓦，不仅可以获知山王废寺的寺庙名称，而且还可以减少年代差，相对准确地推算出寺院的兴建年代。

　　在同一关东地区，可以确认寺院名称的还有台渡废寺（位于茨城县水户市渡里）。关于这个寺院，将在后节进行叙述。通过大量出土的文字瓦，可以了解该寺院是以郡为单位的寺院。在这

1.《宁乐遗文》下，964页，1962年。

写有"德轮寺"的瓦（台渡废寺）

写有"放（方）光寺"的瓦

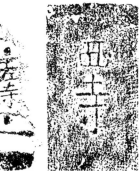

写有"山寺"名字的瓦（大山废寺）　写有"左寺（东寺)"和"西寺"的瓦

些文字瓦中，包含带有"德轮寺"铭文的瓦，由此可以确定这个被称为台渡废寺的寺庙遗址，在保有法灯时的名字为"德轮寺"[1]。在古代，寺院一般有两个名字，一个是基于佛法所起的名字，另一个是根据寺院所在地而称呼的名字。例如，法隆寺的法号是"法隆寺"，而"斑鸠寺"的名字是指其所在地。由此可以推断，台渡废寺在创建时期的法号为德轮寺，以其所在地的命名为"那珂寺"。因为台渡废寺所在地位于常陆国那珂郡，所以这个寺院很可能是郡寺。

在同一个常陆国创建的新治废寺（位于茨城县真壁郡协和町古郡字台原），收集到了写有"大寺"的瓦[2]。之所以称之为收集，是因为这些瓦并不是在发掘调查中出土的，而是当地居民在耕作时发现的。这座寺院曾经被称为大寺。被称为大寺废寺的寺院位于上总和伯耆，有可能是因为当时这个寺庙是上总国的中心寺庙，也或者是当地最初建立的寺庙，所以才被如此称呼的。台渡废寺也就是德轮寺，是当时代表郡的寺庙。

从大山废寺（位于爱知县小牧市大山）出土了写有"山寺"的板瓦[3]。正如文字所述，大山废寺是一座建在山的斜坡上的寺院，通过出土的檐头筒瓦可以确定，它的创建期间应该在7世纪末到8世纪早期。调查报告称，没有发现与这种檐头筒瓦组合使用的檐头板瓦，在屋檐处并没有使用带有纹样的檐头板瓦。在塔的遗址处留有心础等础石，也许它并不是因为建于山上而被称为"山寺"，很可能这原本就是正式的寺名，令人遗憾的是无法得知该寺庙的法号。在出土的檐头瓦中，出现了与藤原宫和平城宫所用纹样非

1. 茨城县教育委员会《常陆台渡废寺·下总结城八幡瓦窑遗迹》40页，1964年。
2. 高井悌三郎《常陆国新治郡上代遗迹的研究》50页，1944年。
3. 小牧市教育委员会《大山废寺发掘调查报告书》32页，1979年。

常相似的檐头瓦。由此看来,兴建者很可能是与中央政府有着某种关系的人。

在厚见废寺(位于岐阜市寺町)出土了带有"厚见寺瓦"刻印的瓦[1],可能是因为这个寺庙建在美浓国厚见郡,所以才被称为厚见寺。在与这个寺庙相关的文字瓦上,可以看到追刻在"厚见寺瓦"上的"中林"字样,说明这个寺院的法号为"中林寺"。

从西国的安艺明官地废寺中,出土了在板瓦凸面上"刮刀刻记"有"高宫郡内部寺"的资料[2]。明官地废寺的所在地相当于奈良时代的安艺国高宫郡内部乡,因此可以了解,这个寺院曾经依据其所在地的名字称呼为内部寺。虽然并不能由此来断定过去曾经存在过以乡为单位的寺庙,但是起码可以推断,内部乡可能是高宫郡中势力比较大的一个乡。另外,在出土的檐头筒瓦中,可以看到单瓣莲花纹样的子叶周围带有羽毛,与横见废寺和桧隈寺属于同范关系。关于这一点,将在其他章节进行叙述,不过从这种同范关系可以断定,这个寺院当时所处的地位特殊。

随着平安迁都,朝廷在靠近京城内南京极的地方建立了东寺和西寺。东寺被命名为教王护国寺,法灯一直传承到现在。在东寺所用的檐头板瓦的瓦当面上可以看到"左寺"的铭文,文字是刻在瓦当范上的。左寺是左京官寺的意思,在与此相对的右京寺庙的瓦上,可以看到"西寺"的铭文。在复瓣莲花纹檐头筒瓦的瓦当面上,隔着中房在对称的位置上刻有"西"和"寺"两字。另外,在筒瓦和板瓦上还刻印有"西寺"字样。

1. 小川贵司《厚见中林寺·柄山瓦窑遗迹的研究》205页,2000年。
2. 广岛县立埋藏文化遗产中心《明官地废寺遗迹——第三次发掘调查概报》13页,1989年。

刻有纪年的瓦

在文字瓦中，还有在上面刻着干支和年份的瓦。这些文字具体所代表的含义，根据每个实例会有所不同，但是可以认为这些都是表示瓦的制作时间，以及创建寺院等工程的时间。因此，对于研究瓦的人来说，实可谓极其贵重的资料。以下就介绍几个实例。

从穴太废寺中出土了刻有"庚寅年"、"壬辰年六月"字样的板瓦[1]。因为穴太废寺是创建于7世纪的寺庙，所以此处记录的干支中的庚寅所指应该是630年或者是690年，而壬辰年则指633年或者692年。在穴太废寺的寺域内出土的瓦，大致可以分为7世纪前半段和后半段两个时期。从其烧制的情况和色调等方面来看，带有文字的瓦应该属于早期的瓦。但是有观点认为，这种早期的瓦并不属于这个寺庙。实际上，有学者认为伴随着大津京迁都，穴太废寺重新改建了原来的寺院。因此，如果它属于630年寺庙创建时期的文字瓦的话，那么这两件记录在瓦上的干支，就成为迄今为止所发现的文字瓦中最古老的年份。然而，也许事实并非如此。

在对野中寺塔遗迹的发掘调查中，出土了板瓦凸面上"刮刀刻记"有"之□□□康戌年正月"内容的文字瓦[2]。"康戌年"是"庚戌年"的误记，其年份相当于白雉元年(650年)。在日本，古代寺庙的兴建工程一般都是从金堂开始进行的，如果这种瓦是伴随着塔的兴建而产生的话，那么就可以认定野中寺最晚也是从7世纪第二四半期开始施工兴建的。并且，野中寺的金堂是建在塔东侧的南北两栋，也就是所谓的川原寺式伽蓝配置的相反形状。由此就可以断定川原寺式伽蓝配置早在7世纪第二四半期就已经存在了。

1. 林博通"穴太废寺"(《近江的古代寺院》151页，1989年)。
2. 羽曳野市教育委员会《野中寺 塔迹发掘调查报告》82页，1986年。

如上所述，可以通过这些带有纪年的瓦来了解寺庙的兴建年代。因大量出土了壁画断片和三塔而闻名的上淀废寺，出土了凸面上写有"关未年"文字的筒瓦[1]，"关"是"癸"的异体字，也就是表示"癸未年"。上淀废寺被认为创建于7世纪后半叶，7世纪后半叶的癸未年的干支相当于天武十二年 (683年)。如果将干支向前追溯一轮的话，就是623年，这个时间有些过早。那么如果向后延一轮的话，便是743年，也就是天平年间。

从大野寺土塔出土了带有神龟四年铭文的檐头筒瓦，这个资料在写有元号的文字瓦中，应该算是最古老的资料。而且，文字被写在瓦当面上的情况也是极其少见的。文字记录在装饰有复瓣莲花纹样的瓦当面的中房部分，而且被认为是把原本装饰有莲子的部分削掉后，再把文字刻到上面的。出土的瓦当部并不完整，由于只留有瓦当面的四分之一，所以只能看到八个文字。不过，从其文字的配置来看，原来好像是写有12个文字。后来，经过复原之后显示的是"神龟四年□卯年二月□□□"[2]。大野寺土塔与行基有着因缘，有关大野寺的创建，记录在"行基年谱"上。因为出土的檐头筒瓦的瓦当面上残留的文字部分与"行基年谱"的记录相一致，所以才被复原成上述内容的。神龟四年相当于公历727年，已经进入8世纪第二四半期。但是，从瓦当面的形状、莲花瓣的情况和较大的中房等判断，很可能是转用了比文字瓦所记录的时间早很多的瓦当范。欠缺的外区部分，好像是制作者有意削掉的，也许是因为原来的尺寸过大，不符合神龟年间的瓦的标准，所以才把那部分去掉的。

---

1. 鸟取县淀江町教育委员会"上淀废寺"（《淀江町埋藏文化遗产调查报告书》35，114页，1995年）。
2. 堺市立埋藏文化遗产中心"神龟四年　最古老的纪年铭檐头筒瓦出土——大野寺"（《堺市立埋藏文化遗产中心报》1页，1999年）。

神龟四年铭檐头筒瓦的复原图（大野寺
土塔出土）

标记有"承和十一年六月"的瓦

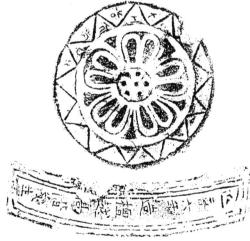

青木废寺出土的檐头瓦的铭文

在带有纪年资料的出土瓦中，也有平安时代的制品，从大津市堂上遗迹(位于大津市濑田神领町)出土了带有"承和十一年六月"铭文的筒瓦和板瓦[1]。另外，在青木废寺(位于奈良县樱井市桥本)出土的檐头板瓦的瓦当面上反写着"延喜六年坛越高阶茂生"字样[2]，文字是被刻在瓦当笵上的。从这个寺庙的遗迹出土了带有与冈寺创建时期的檐头筒瓦非常相似纹样的瓦，由此，该寺院被认为是7世纪末叶到8世纪早期建立的寺院。关于此处出现的高阶氏，是与高市皇子的系谱有关联的氏族，所以可以认为青木废寺是为了祭祀皇子的菩提而创建的[3]。

如上所述，虽然文字瓦上显示的内容是碎片的，但因为并不是虚拟的内容，所以自然就会产生这种见解。在被认为是与青木废寺的这种檐头板瓦组合使用的檐头筒瓦的锯齿纹带上，标记有"工和仁部贞行"的文字。也有个别在"工"字的前面用刮刀刻记着"秦"字的瓦，像这样将兴建寺院相关的工匠名字刻在瓦当面上的实例，实在是少之又少。然而，这个工匠究竟是否瓦匠，有关这一点还无法确定。如果是瓦匠的话，就说明这个时期已经开始出现瓦匠集团独立的征兆，但是因为平安时期瓦的生产量出现下滑的现象，所以更加难以断定。不过，瓦的产量下降的情况，也许是指官方的生产量下降，说不定在其周边与此情况相反出现了产量上升的趋势。

刻有人名与地名的瓦

在文字瓦中，最多的是写有地名和人名的瓦。因为有很多同

---

1. 滋贺县教育委员会"大津市濑田堂上遗迹调查报告" Ⅱ》(《昭和五十年度滋贺县文化遗产调查年报》9页，1977年)。
2. 关野贞"瓦"(《考古学讲座》5、6、240页，1928年)。
3. 大胁洁"被遗忘的寺庙——青木废寺与高市皇子"(《翔古论聚——久保哲三先生追悼论文集》327页，1993年)。

时记录人名和地名的,也有很多可以通过人名推测出地名的文字瓦,所以以下就这两种文字瓦同时进行介绍。

　　首先介绍一下只标记有人名的文字瓦。在标记有人名的文字瓦中,最著名的实例当属西日本地区的恭仁宫和大野寺土塔的资料,以及东日本地区的上神主·茂原遗迹的资料。关于恭仁宫的标记有人名的瓦,曾经被作为山城国分寺的文字瓦而有所提及[1]。山城国分寺是在宫城再次迁回到平城之后,也就是天平十七年以后建立在曾经建有恭仁宫之地的寺庙,其金堂位置曾经是恭仁宫的大极殿。在出土的瓦上标记有诸如"乙万吕"、"老"、"真依"、"足得"等名字,还有像"中臣"、"物部"、"刑部"、"六人部"等的姓氏。因为这些姓氏大多是古代有势力阶层的姓氏,所以由此可以断定山城国分寺的兴建,很可能得到了当时实力强大的氏族的协助。但是,文字瓦上标记的姓氏,有一些在奈良时代属于平民的姓氏,而且也有造东大寺司造瓦所瓦匠的名字。如此看来,很可能是瓦匠们在制作瓦时,为了方便统计各自的制作数量,在其中的一块或是几块瓦上标记了自己的姓氏,以备接受验收所用[2]。随着对恭仁宫正式发掘调查的推进,相同的资料不断增加,从而确定了在兴建恭仁宫之际,制作了这些瓦的事实[3]。

　　昭和四十六年,在进行东大寺法华堂的维修工程之际,从房顶上揭下来的瓦中也发现了大量相同的资料[4]。在这之前也在东大寺院内发现过文字瓦,从而了解了工匠们的流动情况。另外,在高丽寺遗址也发现了文字瓦[5],这些文字瓦后来被铺葺到维修结束后的

1. 角田文卫"山背国分寺"(《国分寺的研究》上,496页,1938年)。
2. 藤泽一夫"造瓦技术的进展"(《日本的考古学》Ⅵ 历史时代(上),294页,1967年)。
3. 京都府教育委员会《恭仁宫遗迹发掘调查报告 瓦篇》90页,1984年。
4. 奈良县教育委员会《国宝东大寺法华堂修理工程报告书》42页,1972年。
5. 田中重久"高丽寺遗址发掘调查报告"(《圣德太子御圣迹的研究》456页,1944年)。

东大寺法华堂的房顶，足以证明其质量非常良好。由此可以断定，制作了这些优质瓦的瓦匠们技艺高超，流动于各地从事瓦的生产作业。从高丽寺使用了与恭仁宫、东大寺相同的瓦的实例可以判断，官方很有可能通过某种形式参与了这些寺院的营建或者维修工程。

从大野寺（位于大阪府堺市土塔町）土塔出土的文字瓦上面几乎都标记有人名，而且都是"刮刀刻记"。在这里特别引人注目的是，还出现了女性的名字，而且是法名。由此可以认为，在瓦上标记有名字的人们，很可能是为创建寺庙提供捐赠的相关人士[1]。从这些名字可以了解，这些人的籍贯不仅有和泉，还涉及摄津、河内、大和、山背、近江等地区。也许由此可以断定，在行基所活动的广大区域内，有众多人士参与了土塔的兴建。纵观行基所进行的事业，确实可以感受到行基以及拥戴他的民众的能量。在他去世之后，仍然有很多仰慕他的人合力兴建了土塔。但是，行基虽然在某一时期确实如救世主般存在于民众的心目中，但是毕竟他最终的身份是僧界最高位的大僧正。从这个角度来考虑的话，对于他的集结资金能力，还是有令人怀疑之处。

此事暂且不提，如果观察一下土塔中出土的文字瓦，就会发现标记有"——第四窑十月十日"、"——作三十——"等文字的瓦。很显然这些都是标记造瓦工房的瓦，由此可以断定，生产土塔用瓦的瓦窑至少有四座。也许当事人认为只记录"十月十日"就足矣了，就像我们平时写信的时候，不写年份只写月日的做法相同。但是实在遗憾的是无法知晓文字瓦标记的时间究竟是哪一年的十月十日。

---

1. 森浩一"关于大野寺土塔与人名瓦"（《文化史学》13，81页，1957年）。

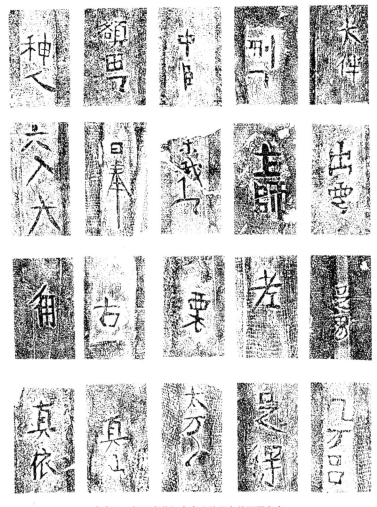

文字瓦　标记在恭仁宫出土的瓦上的瓦匠名字

下野上神主·茂原遗迹的文字瓦标记的也几乎都是人名[1]，可以通过这些人名来判断他们的居住地，大致锁定在下野国河内郡的几个乡。也就是可作如下判断："酒部少赤"、"酒部乙麻吕"居住在酒部乡；"大麻部古麻吕"、"大麻部猪万吕"等居住在大续乡；"丈部田万吕"、"丈部忍万吕"等居住在丈部乡；"财部忍"居住在财部乡。这些乡的名字，都是在《倭名类聚抄》中出现过的乡名，从"雀部弥万吕"、"雀部万吕"的名字，可以判断曾经存在过雀部乡的可能性，而从"神主部牛万吕"则可以判断存在过神主部乡的可能性。现在的宇都宫市内的雀宫町，曾经是旧河内郡内的一个乡，有可能是由"鹊"演变成"雀"的。另外，在河内郡内还存在过神主村。关于这个遗迹，由于以前被称为上神主废寺，所以很可能是寺庙遗址。因此，从那里出土的标记有人名的瓦，曾经被认为很可能与台渡废寺一样，表示在兴建上神主废寺时郡内各乡承担的资材情况。但是，通过近年的发掘调查，证实它并不是寺庙遗址，而是带有官府性质的一个机构。虽然以前也有从郡衙遗址中出土文字瓦的情况，但是如此大量出现标记有人名的文字瓦，在其他地方还没有相同实例。无论是哪种情况，居住在河内郡各乡的人名被标记在瓦上，说明了河内郡实力强大的豪族在兴建这个机构设施时，将兴建费用摊派到了各乡，然后乡里又让构成乡组织的里长承担了这些费用的事实。

同样的情况，在之前提到的台渡废寺也有出现[2]。虽然记录全名的不是很多，但是"刮刀刻记"着乡名、里名以及人名。另外，还有只刻印乡名，或者同时"刮刀刻记"人名与乡名的，很显然这表

1. 田熊清彦、田熊信之《下野国河内郡内出土的古瓦》7页，1980年。
2. 高井悌三郎《常陆台渡废寺·下总结城八幡瓦窑遗迹》40页，1964年。

示一种瓦生产的方式。在台渡废寺，也就是之前所提及的德轮寺的创建之际，将瓦的生产任务分配到一些乡，并在瓦上留下刻印以备验收之用。这种印章很可能并不是印在所有的瓦上，而是在几十块当中选取一块摁压印章，然后将负责的各里长的名字"刮刀刻记"到瓦上。而且，很可能不是让承担经费的本人刻写，而是由驻在工房的监督者来刻记的。并不能因为瓦上标记了具体承担情况，就认为只有瓦是在这种体制下进行生产的，而是有关寺院兴建的所有资材都实行了这种体制。

通过在这个寺庙遗址出土的文字瓦上看到的乡和里的名字，可以了解这个寺庙工程是在施行乡里制度时期创建的。乡里制度是在灵龟二年 (716年) 到天平十二年 (740年) 期间实行的行政组织，台渡废寺的创建年代就是由此推算出来的。另外，被称为台渡废寺的地方分为长者山地区和观音堂山地区，从建筑物的遗构情况来看，长者山地区被认为带有官衙性质。从这一点来推断的话，可以说这个寺院也同样带有郡的性质。由于这两个地区都出土了文字瓦，所以很可能在兴建寺院的同时，同样也瓦葺了官衙的建筑。由此大致可以掌握如下事实，就是当时除了寺院以外，其他建筑物也已经开始使用瓦葺屋顶。

在各地的国分寺遗迹中也同样发现了文字瓦，特别是武藏国分寺出土的文字瓦数量大大地超过了其他的地方[1]。其中，刻印和"刮刀刻记"占据了很大一部分，使用刻印的几乎都是郡名和乡名的一部分，就像"丰"代表丰岛郡，"橘"代表橘树郡一样。武藏国在奈良时代曾经设置了21个郡，其中唯独没有出现过显示新罗郡的文字瓦。新罗郡在武藏国内是最晚设置的一个

---

1. 大川清《武藏国分寺古瓦砖文字考》，1958年。
   石村喜英《武藏国分寺的研究》，1960年。

刮刀刻记"小河里户主"和刻印"川部"的瓦（台渡废寺）

下野上神主遺跡出土文字瓦

記載方法	17	16	15	14	13	12	11	10	9	8	7	6	5	4	3	2	1
方法	同	同	同	同	同	同	同	同	同	同	同	同	同	同	同	同	篦書
銘文	財部古	財部古	矢田部忍	丈部忍万呂	丈部田万呂	神主部牛万路	大伴部毛人	大伴子君	木部古君	大麻部万呂	大麻績若古	雀部万呂	雀部猪古	酒部弥万呂	酒部乙万呂	酒部少赤	白部毛人
備考	河内郡財部郷				河内郡丈部郷	河内郡神主村				河内郡大続郷		河内郡雀宮村			河内郡酒部郷		

武蔵国分寺出土文字瓦

記載方法	15	14	13	12	11	10	9	8	7	6	5	4	3	2	1
方法	同	同	篦書刻印	同	篦書	刻印	同	同	篦書	同	刻印	同	篦書	刻印	刻印
銘文	右秩父郡瓦長解申以件瓦旦進里解申	下忍万部古真良	日頭戸主鳥良	日頭部古真角	豊主鳥取部角	豊嶋郷戸主宇遲部結女	荒墓郷刑部真時瓦	大田瓦	戸主刑部広嶋	広瓦	加以間	入間	荏原	荏原	豊
備考	埼玉郡太田郷	豊島郡広岡郷	秩父郡								加美郡	入間郡	荏原郡		豊島郡

标记有"茨木寺"名字的古陶器
（茨木废寺）

常陆台渡废寺出土的文字瓦

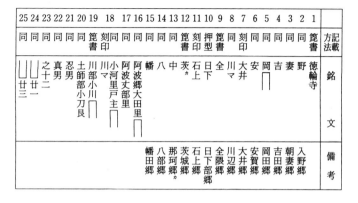

25	24	23	22	21	20	19	18	17	16	15	14	13	12	11	10	9	8	7	6	5	4	3	2	1	記載方法
同	同	同	同	同	同	篦書	刻印	同	同	同	同	同	同	篦書	刻印	押型	篦書	刻印	同	同	同	同	同	篦書	銘文
凵廿三	凵廿一	凵之廿二	真男	忍男	土師部小刀良	川部小川	小河里戸主	阿波丈部里	阿波大田里	幡	八	中	茨	石上	日下	全	川マ	大井	安	岡	吉	妻	野	德輪寺	備考
										幡田郷	八部郷	那珂郷ヵ	茨城郷	石上郷	日下郷	全隈部郷	川辺郷		安賀郷	岡田郷	吉田郷	朝妻郷	入野郷		

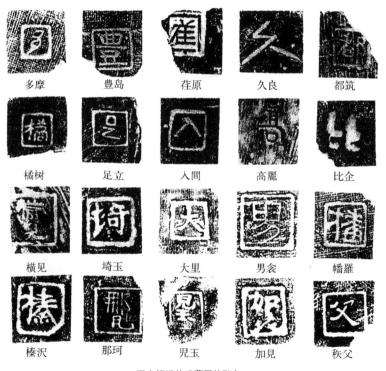

多摩　豊島　荏原　久良　都筑

橘樹　足立　入間　高麗　比企

横見　埼玉　大里　男衾　幡羅

榛沢　那珂　児玉　加見　秩父

瓦上标记的武藏国的郡名

郡，设置于天平宝字二年（758年）。由此可以推断，武藏国分寺的兴建工程在某种程度上一直持续到设置新罗郡时期。但是，在文字瓦中还包含有平安时代的，所以并不能轻易地判断出具体年代。尽管如此，还是可以通过标记地名的刻印瓦，以及标记人名的"刮刀刻记"瓦来判断基本的营造体制。在"刮刀刻记"人名的瓦中，有标记着诸如"某乡、户主某"的瓦，这与之前所介绍的台渡废寺情况非常相似。除此之外，也可以看到一些在同一块瓦上标记郡名的刻印和标记人名的"刮刀刻记"。所以，由此可以断定，当时武藏国分寺的兴建工程是在各郡、乡、户的承担下进行的。

虽然可以根据瓦上的文字进行如上判断，但是还想重复强调一遍的就是，并不能因为瓦上标记有某种内容，就认为只要有瓦就可以进行寺庙营建。所有的兴建资材都是以这种形式筹措的，只不过该种情况碰巧是通过文字瓦来显示的。

从文字瓦来看，武藏国分寺的兴建体制与台渡废寺的兴建形式非常相似。正如之前所叙述的一样，台渡废寺的创建是在实行乡里体制时进行的，由此可以断定不只是台渡废寺，在陆奥地区也有可能已经采用了这种形式。

从为多贺城（位于宫城县多贺市市川·浮岛）和玉造栅（位于宫城县古川市东大崎）提供瓦的木户窑中，发现了标记有如下文字的瓦[1]。

郡仲村乡他部里长

二百长丈部岢人

如果关注一下如上几点，就可以发现在兴建武藏国分寺之际，

---

1. 宫城县教育委员会《多贺城遗迹调查报告 I 多贺城废寺遗迹》96页，1970年。

采用了东国地区早已经施行的体制，并以相同的形式筹措资材，以此推进落后的国分寺的兴建工程。虽然在文字瓦上反映的情况有若干不同，在下野国分寺、下野国分尼寺发现了刻印郡名的瓦；在上野国分寺出土了可以确认居住者乡名的"刮刀刻记"人名的瓦。通过这种形式可以推断，在东国兴建国分寺之际采用了与武藏国分寺非常相似的体制。

在藤原宫出土的板瓦中，有标记着"□玉评"、"大里评"和"墨书"字样的板瓦[1]，虽说标记的不过是只言片语的内容，但是还是可以断定其所指的是武藏国的埼玉郡和大里郡。当时的"评"是行政单位，相当于"郡"，在大宝律令制定之前，使用的是"评"字，后来依照大宝律令改用为"郡"字。由此可以断定，这个瓦很可能是在藤原宫时代的大宝元年前制作的。在瓦上标记文字的这个人究竟是谁呢？也或许是为了兴建藤原宫而远离故乡武藏国，不远千里来到都城从事瓦生产的人，出于对故乡的思念而做的标记。

刻有役所名字的瓦

在平安宫出土的文字瓦中，有标记有"木工"、"左坊"、"右坊"、"警固"等文字的瓦，这些文字被认为是代表役所的名字[2]。也就是说，"木工"代表木工寮，"左坊"、"右坊"代表修理左右坊城使，"警固"代表警固司。

在平城宫也发现了几块代表官衙的文字瓦，令人颇感兴趣的是在檐头板瓦的瓦当中心装饰的位置上刻有"佟"字的文字

---

1. "藤原宫第二十次（大极殿北方）的调查"（奈良国立文化遗产研究所《飞鸟·藤原宫发掘调查概报》8，12页，1978年）。

2. 近藤乔一《平安京古瓦概说》（平安博物馆《平安京古瓦图录》335页，1977年）。

瓦。"佟"是"修"的异体字，表示修理的意思。这种檐头板瓦的瓦当纹样为飞云纹，颚为曲线颚。在平城宫装饰有飞云纹的檐头板瓦，除此之外只有一些小型的施釉檐头筒瓦，所以无法确认其具体年代，而且云的表现方式也比施釉檐头筒瓦的设计简化了很多。另外，因为这种纹样与近江地区的瀬田废寺和国昌寺的飞云纹非常相似，所以被认为是平安时代前半期的制品。综合上述几点依据，平城宫带有"佟"字的飞云纹檐头板瓦的制作年代，又被认为是在平城上皇于平城宫设立临时住所的大同年间。但是，由于在长冈宫出土了同范品，所以带有"佟"字铭文的檐头板瓦只好被认定是平城宫时代的。也就是说，在长冈宫除了使用长冈宫专用的瓦以外，还大量使用了从平城宫和难波宫搬运而来的瓦，这其中也包含了写有"佟"字铭文的檐头板瓦。在平城宫出土的文字瓦中，筒瓦和板瓦上还有"佟"字的刻印，关于其意思很有必要研究清楚。

实际上除了带有"佟"的刻印之外，还有刻记着"理"字的相同大小的刻印。将两者组合在一起的话，就可以表示"修理"的意思，这一现象让人不禁产生究竟为何会特意将"佟"和"理"分别刻印的疑问。此外，还有分别刻印"亻"、"冬"、"里"的资料，这些刻印都是将"修理"二字的偏旁分解标记的。很可能为了表示"修理"的意思，分别制作的刻印。

从平城宫出土的使用刻印的文字瓦中，有一些刻印有像"田"、"目"、"在"、"伊"、"司"等文字的瓦，令人很难根据一个文字来判断其所代表的意思。不过如果将"司"印和"亻"、"冬"、"里"组合起来的话，就表示"修理司"的意思。根据《续日本纪》神护景云二年(768年)七月戊子条中的"準従四位上伊勢朝臣老人為修理長官。如造西隆寺長官中衛員外中将故"内容，可以

中心装饰处刻有"佟"的檐头板瓦
（平城宫）

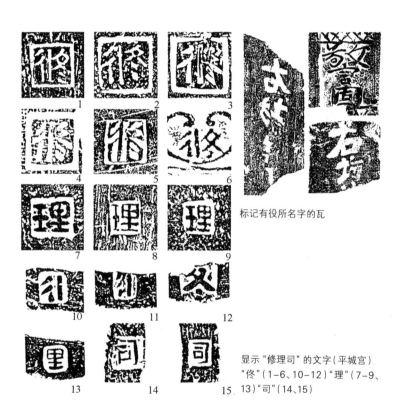

标记有役所名字的瓦

显示"修理司"的文字（平城宫）
"佟"（1-6、10-12）"理"（7-9、
13）"司"（14、15）

判断在奈良时代，朝廷确实设置了相关修理的部门。另外，昭和四十六年到四十八年间进行了西隆寺发掘调查，从中出土的木简上有关于"修理司"的记载。由此，至少可以证明在兴建西隆寺时就已经存在"修理司"。只是，还不能确定这个修理司究竟是从何时开始存在的。但是，如果一个檐头筒瓦上带有"理"字刻印，而且这个檐头筒瓦的年代被认为接近于天平年间的话，那么就可以断定在很早的阶段就已经设置了相关修理的官府部门。关于修理官的职责，《令集解　营缮令》中记载有"宫内如有营造或修理需要，皆由阴阳寮择日"，对此内容，古记注释为"营造谓新作、修理谓旧作也"。此处所言"修理"，真可谓与现代的修理同义[1]。

带有"修"、"理"的文字瓦，主要出土于平城宫的大垣地域，而"亻"、"冬"、"里"、"司"则集中在沿着皇宫内侧东方官衙的围墙的区域内。另外，还在罗城门区域和平城宫北侧的松林苑区域也出土了这种瓦，由此可以断定，修理官很可能执掌了皇宫和京城的大垣及建筑物的修理事务。从平安时代的修理署变为左右坊城使，又再次恢复为修理署这一情况可以知道，该修理署主要掌管的是城墙大垣的修理任务。

绘有图案与纹样的瓦

除了以上很多标记有文字的瓦以外，偶尔也会发现少量带有图和纹样的瓦。其中除了以装饰为目的绘制的纹样以外，也有一些戏画，当然，这些都是利用"刮刀刻记"法绘制的。

---

1. 森郁夫"平城宫的文字瓦"（奈良国立文化遗产研究所《研究论集》ⅳ，82页，1980年）。

绘有图案的瓦

绘有图案的瓦多为板瓦，所画的对象主要有佛像、人物、动物等。从高井田废寺（位于大阪府柏原市高井田户坂）出土了画有佛像的板瓦，由于不是完整的瓦，所以无法了解整个画像。在凸面上采用了"刮刀绘制法"，充满戏剧性的画面，展现了倚坐的佛像和背后的光环。与此相比，从高丽寺遗址出土的板瓦凹面上所画的佛像则非常秀逸[1]。虽然出土的是只有脸的上部和宝冠部分的断片瓦，但是从宝冠的形状上看还是大致可以猜出画的是圣观音。调查报告书中写到，只有精通图像表现技巧的人才能够画出这种纹样，并附上了上半身的复原像。在多贺城遗址和茨木废寺出土了绘有坐像的板瓦，两者都没有保留整体画像。多贺城遗址出土的是右半部，而茨木废寺出土的是左半部，虽然不大清楚佛像的具体种类，但是从坐像看可以肯定画的是如来佛像。另外，在四天王寺出土了佛面很大的板瓦，从佛像颈部的衣服纹样上看可以判断画的也是如来佛。

此外，在一些地方还发现了绘有人物像的瓦。佐渡国分寺出土的手持笏板的官人的上半身像非常秀逸[2]，在其旁边还附加有"三国真人"的文字。刚出土该文字瓦时，各路报纸沸沸扬扬大肆报道说画像中的人物是历史上实际存在的人物。在《日本古代人名辞典》中，记载有18人的名字是"三国真人"，其中北陆关系者有7人，其中一个叫做三国真人广见的人物，在延历元年六月被任命越后介，同三年二月被任命到能登寺，在第二年的十一月由于藤原种继暗杀事件受到牵连被判处死刑。后来被免除死罪改为流放

1. 山城町教育委员会"史迹 高丽寺遗迹"（《京都府山城町埋藏文化遗产调查报告书》7，第113图，114页，1989年）。
2. 山本半藏《佐渡国分寺古瓦拓本集》卷末插图，1978年。

到佐渡。由于历史上确实曾经有过这个人，所以画像上的人才会被认为是他。

从光寿庵遗迹[1]（位于岐阜县吉城郡国府町大字上广濑）和石桥废寺（位于岐阜县吉城郡国府町广濑町石桥）出土了绘有官人的瓦，光寿庵的例子是留有三个人像的板瓦的残片，这些人像是用刮刀很细地刻画在凹面上的。下侧的人物呈跪坐姿势，表情很奇怪。上侧的两个人是步行的姿态，只画有膝盖以上的部分，从脚的朝向可以看出两人是擦肩而过的情景。没有留下完整的画像，实在令人遗憾。除此之外，还从梶原瓦窑遗迹（位于大阪府高槻市梶原）、船桥废寺、虚空藏寺遗迹（位于大分县宇佐市大字山本）、多贺城废寺等地出土了绘有人物的瓦。梶原瓦窑遗迹出土的文字瓦，由于正好脸部有损伤，所以看不到画中人物的表情，好像是向前挥手的样子[2]。船桥废寺出土的文字瓦仍保留有很大一部分，画中人物的姿态呈现一种异样的感觉。

在武藏国分寺[3]和冈益废寺等地发现了绘有马的动物文字瓦，在武藏国分寺各出土了一块筒瓦和一块板瓦。筒瓦上刻画的马，从耳朵部分起笔，中间没有间断，一气呵成地画到结束处，给人以技术十分高超娴熟的感觉。而在冈益废寺出土的例子中，筒瓦上绘有马鞍等马具，并附加了类似"麻麻吕"的文字。

除此之外，还可以看到绘有鸟的文字瓦。在之前人物像部分介绍的光寿庵废寺出土了绘有雄鸡的板瓦。画面中像角一样长长的鸡冠，看起来很像凤凰。另外，在石桥废寺和多贺城废寺中也发

---

1. 朝日新闻社《天平的地宝》283图，解说78页，1961年。
2. 名神高速道路内遗迹调查会"梶原瓦窑遗迹发掘调查报告书"（《名神高速道路内遗迹调查报告书》3，113页，1977年）。
3. 石村喜英《武藏国分寺的研究》71图，1960年。

画在板瓦凸面上的人物（梶原瓦窑遗迹出土）

高丽寺遗迹出土的佛像拓本（上）与其
复原模式图

画在板瓦上的马（武藏国分寺）

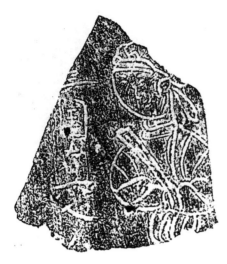

佐渡国分寺人物像

现了绘有鸟的文字瓦,不过,都是一些拙作。

绘有纹样的瓦

在带有纹样的瓦中,就像之前在有关檐头板瓦发明部分中叙述的那样,有法隆寺若草伽蓝和坂田寺的"手雕忍冬纹",这种纹样可以算是最古老的例子。在檐头板瓦中,可以看到很多颚面带有纹样的瓦。这些瓦基本分两种类型,一种是像腰滨废寺和天台寺一样,将雕刻有纹样的模具摁到瓦上的纹样瓦,另一种是像樫原废寺那样摁压檐头筒瓦的瓦当笵的纹样瓦。其中也有一些使用刮刀刻记一两条沉线或流水纹样的瓦制品。

从法隆寺和中宫寺,出土了与忍冬唐草纹檐头板瓦的颚面瓦当纹样相同的忍冬唐草纹[1]。纹样体现出了非常娴熟的技巧,作画者一定是技术高超的人。在上植木废寺的檐头板瓦颚面上,绘有连续的正面莲花纹样[2]。仔细观察的话,就会发现所有纹样的方向都是统一的。其中一些是将原来反方向的打磨掉后又重新改成相同方向的,或许这其中包含着某种意义吧。在檐头板瓦的颚面纹样中,最常见的是与瓦当面方向平行绘制的数条直线和波浪线。

---

1. 法隆寺《法隆寺防灾工程·发掘调查报告书》136页,1985年。
2. 石田茂作《飞鸟时代寺院遗址的研究》图版309—317,1936年。

颚面绘有莲花的檐头板瓦（上植木废寺）

颚面绘有与瓦当纹样相同纹样的檐头板瓦（法隆寺）

颚面绘有几何纹的檐头板瓦（多贺城废寺）

墨绘平行线和唐草纹。这很可能是先用漆画出纹样，为之后贴金箔绘制的草图（法隆寺）

在鸱尾的纹样中，既有在胴体部分使用刮刀刻画平行线的，也有在鳍部使用刮刀刻画出高低差的纹样。偶尔也有使用圆规画出纵带珠纹的。原山四号古墓（位于大阪府堺市原山）的复原瓦，高低差就是刻出来的，并在胴体部分使用刮刀刻画出羽毛形状，再用圆规在纵带画出了珠纹。在腹部也使用刮刀刻画了三行四段的羽毛形状。在西琳寺的鸱尾的腹部，描绘有火焰宝珠和莲花。它虽然没有采用刮刀刻画法，却也使用了刮刀状的器具制成了浮雕状。胴体部分显现有火焰形状，很显然是在精通佛教之人的指导下制作而成的。

第六章

技术的传播

氏族间的技术传播

从百济传入的制瓦技术，在日本国内是如何得以传播的呢？有关这一点虽然很难简单答复，但是通过观察瓦，还是多少可以找到一些答案的。首先可以通过瓦当纹样来了解。在很多遗迹中出土了使用相同瓦当范制作的同范品，出现这种现象的原因大致可以考虑两种，一是将生产后的瓦搬运到其他地方使用，二是将瓦当范搬运到其他地方在当地制作瓦。概观7~8世纪间的同范关系，就会发现在两个相距遥远的地方却存在同范品的瓦制品，这种情况在生产地，也就是瓦窑与供给地之间的同范关系中也有很多实例。一般来说瓦窑都会建在将要兴建的寺院附近，偶尔也会有从远处的瓦窑将瓦制品搬运到寺院的情况。究竟为何会这样，其中的缘由值得认真思考。在创建寺院的早期阶段，不单是瓦的生产，且具有专业技术的人员数量也是有限的。在这种情形下，遥远两地间出现同范关系，其背后一定存在着政治、权利方面的原因。就像一再重复的一样，这一点预示着寺院营造技术的传播。

隼上瓦窑与丰浦寺、幡枝瓦窑与山背北野废寺

在早期寺院的实例中，经常被提及的是隼上瓦窑和丰浦寺的同范关系。因为是把在隼上瓦窑生产的檐头筒瓦搬运到丰浦寺的，所以自然会存在同范关系。丰浦寺是苏我氏创建的尼姑庵。在兴建寺院飞鸟寺时，就在寺院东侧的丘陵西坡上修建了瓦窑。同为同一氏族创建的寺院，不知为何丰浦寺却从山背国宇治郡得到瓦的供求。在幡枝瓦窑和山背北野废寺也出土了同范品，让人觉得其中原因越发扑朔迷离，但是反过来，或许它会成为解决问题的关键。下面就简单梳理一下两者的关系。

丰浦寺所用的檐头筒瓦和北野废寺的檐头筒瓦是同范品，丰浦寺的瓦制品运自于隼上瓦窑，而北野废寺的瓦制品运自于幡枝瓦窑。尽管两者是同范品，隼上瓦窑的檐头筒瓦上设计有外缘，而幡枝瓦窑的檐头筒瓦上则没有这一设计。隼上瓦窑位于山背国宇治郡，幡枝瓦窑位于爱宕郡，北野废寺则位于葛野郡，这些同范品的檐头筒瓦分别存在于不同的郡。然而，宇治郡的瓦制品是为位于大和国高市郡的丰浦寺提供的。丰浦寺由苏我氏创建，北野废寺由秦氏创建，可见秦氏在山背地区的强大势力，也就是说秦氏已经在爱宕郡和纪伊郡占据了强大势力。如果关注一下隼上瓦窑的存在，就可以发现秦氏的势力范围已经扩散到了邻近纪伊郡的宇治郡。从北野废寺出土了两种系列的檐头筒瓦，一种是百济系，另一种是所谓高句丽系的纹样结构，这两种檐头筒瓦都被确认是幡枝瓦窑生产的。

隼上瓦窑也生产了两种系列的檐头筒瓦，其中有四种高句丽

隼上瓦窑　　　　　　　　　　　　　隼上瓦窑

丰浦寺　　　　　　　　　　　北野废寺

隼上瓦窑的制品与丰浦寺、北野废寺的檐头筒瓦

系的瓦，而百济系的只有一种，并且，尚不清楚百济系檐头筒瓦的供给地。隼上瓦窑的檐头筒瓦主要以高句丽系瓦为主体。幡枝瓦窑生产的两种系列的檐头筒瓦是为北野废寺提供的。除了有无外缘部分的区别以外，北野废寺的百济系檐头筒瓦的纹样结构与飞鸟寺创建时的檐头筒瓦纹样结构相同。飞鸟寺无论是在创建时期还是后期，始终没有出现高句丽系的檐头筒瓦。如此看来，就像《日本书纪》记载的那样由苏我氏负责制作了百济系的檐头筒瓦，而高句丽系的瓦很可能是通过某种途径传到了秦氏。

文化传播的方式绝非一种。除了史料记载以外，还有其他几种方式。只是，苏我氏掌握了大量有关寺院兴建的未知技术。在秦氏希望创建寺院之际，很可能作为其中的一个条件，秦氏至少在瓦的制作方面向苏我氏提供了帮助，以此换来自己创建寺院的许可。当时，很可能就是通过采用是否有外缘的设计方式来作为相似檐头筒瓦的识别方法的。

飞鸟寺与法隆寺

从6世纪末叶到7世纪初叶，位于政权中枢部的苏我马子和圣德太子的关系好像并未疏远，促使苏我氏与上宫王家真正形成敌对关系的缘由，是围绕皇位继承问题而产生的。苏我虾夷与山背大兄王对立后，苏我氏动用武力手段消灭了上宫王家。圣德太子积极引入佛教思想，努力推动当时日本各方面的社会发展。为此，朝廷在斑鸠地区进行了创建寺院的工程。

斑鸠地区最早的寺院即法隆寺，当时是建在现在的西院伽蓝的东南方，此处被称为若草伽蓝遗址。在创建若草伽蓝时使用的檐头筒瓦，和飞鸟寺兴建早期所使用的檐头筒瓦是同范品。虽说是同范品，飞鸟寺的檐头筒瓦的中房莲子以中间一颗为中心，周围

飞鸟寺和法隆寺若草伽蓝的同范檐头筒瓦　若草伽蓝的制品在中房处多刻了两颗莲子

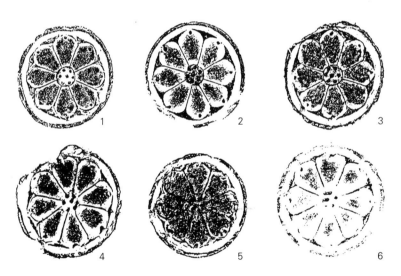

1　2　3

4　5　6

与法隆寺若草伽蓝的檐头筒瓦(1)同范的四天王寺檐头筒瓦(2-6)　由此可以了解瓦当范逐渐损伤的经过

装饰有四颗莲子。而若草伽蓝的檐头筒瓦则是以中间的一颗为中心，周围装饰有六颗莲子，而且六颗莲子的排列方式也有区别。再加上九瓣莲花瓣，使得纹样结构看起来缺乏整体平衡感。由于这个原因，很长时间以来，人们一直都没有发现它与飞鸟寺檐头筒瓦是同范品。虽然该瓦是在飞鸟寺营建工房所使用的瓦当范上做了一些改变，增加了两颗莲子而制成的。但是由于并没有从飞鸟寺出土刻有两个莲子的檐头筒瓦，所以被认为是在从飞鸟寺营建工房时将瓦当范转移到若草伽蓝营建工房期间发生如上变化的。在飞鸟地区的石神遗址出土了一件增加了莲子装饰的檐头筒瓦，因为在石神遗址并没有瓦葺的建筑物，所以这很可能是加工中的瓦当范的试做品。不管是哪一种原因，瓦当范的一部分发生了变化，并且从若草伽蓝出土了大量使用这种瓦当范制作的檐头筒瓦这一事实，足以说明不仅制瓦技术已经从苏我氏传到了上宫王家，与此同时，也提供了寺院营建的其他技术。在若草伽蓝还有一种与这种瓦当纹样非常相似的檐头筒瓦，而且其瓦当里面的调整痕迹也非常相似。所谓留在瓦当里面的痕迹，就是指瓦当里面的隆起形状在旋转台上进行调整时留下的痕迹。在飞鸟寺的同范品中，当然也留有相同的痕迹。由此可以了解，当时不仅借用了瓦当范，同时还引入了制作技术。留有相同痕迹的瓦，在飞鸟寺创建时期所使用的其他檐头筒瓦上也可以看到。它是在瓦当面上装饰十一瓣单瓣莲花纹的檐头筒瓦，与十瓣莲花纹样的檐头筒瓦同时被用于伽蓝中枢部的修建。因为十瓣檐头筒瓦的筒瓦部没有高低差，而十一瓣檐头筒瓦的筒瓦部则有高低差，所以二者应该不是使用在同一堂塔的。关于这一点，正如已经在第一部分第二章叙述过的那样，十一瓣莲花纹样的檐头筒瓦，是在6世纪末到7世纪较早时期使用的。

这种十一瓣檐头筒瓦的边缘结合情况与若草伽蓝九瓣莲花纹的檐头筒瓦相同，由此可知二者使用了相同的技法。如上所述，飞鸟寺和若草伽蓝的制瓦技法具有非常相似的一面，且其技术是从飞鸟寺传来的。不过，从瓦制品可以发现，若草伽蓝存在飞鸟寺所没有的技术，那就是檐头板瓦和鬼瓦的存在。关于檐头板瓦的概要，正如在第二章介绍的那样，因为百济没有檐头板瓦的制作技术，所以飞鸟寺创建时期也就没有制作出带有瓦当部的檐头板瓦。若草伽蓝的檐头板瓦是独自发明的，还是通过其他途径获得的技术，关于这一点，应该与坂田寺资料一起来进行考量。鬼瓦的纹样面装饰有多个带有棱角的八瓣莲花纹，这是先使用圆规和尺子绘出纹样，再将其适度进行干燥后进行雕刻的纹样，这种技法与若草伽蓝的手雕忍冬纹檐头板瓦相同。令人颇感兴趣的是，在扶余的扶苏山中腹寺出土了带有相同纹样的石制鬼瓦。两者之间非常相似，在若草伽蓝的营建工房中，只有非常了解扶余鬼瓦的人才会有此创意。

法隆寺与四天王寺

法隆寺和四天王寺都是上宫王家发愿修建的寺庙，尽管不太符合氏族间技术传播的主题，但由于两个寺庙间的同范关系会经常被提及，所以在这里也简单叙述一下。关于修建法隆寺，也就是若草伽蓝早期的两种檐头筒瓦已经在前项介绍过，除此之外还有一种将单瓣的八瓣莲花纹作为瓦当纹样的檐头筒瓦。前面的两种都是九瓣莲花纹，给人一种发生变化的感觉，而这种檐头筒瓦的纹样结构却非常端正。虽然已经确认这种檐头筒瓦在若草伽蓝中使用过，但是却没有在伽蓝内的特定区域内集中出土，或许它是作为填补使用的。在四天王寺境内出土了这种檐头筒瓦的同范品，已经确认是创建时期的檐头筒瓦，但是不知为何四天王寺出土的瓦当范上会留有裂痕。在若草伽蓝出土的瓦当范中，并没有发现这种裂痕。这一现象说明若草伽蓝使用的是破损之前的瓦当范制作的檐头筒瓦，而四天王寺使用的则是出现裂痕后的瓦当范制作的檐头筒瓦。在四天王寺出土的资料中，尽管大小有些不同，可是从所有的瓦上都可以看到瓦当范的裂痕留下的痕迹。单从这种檐头筒瓦来判断的话，可以确认的是四天王寺的兴建工程晚于若草伽蓝。一般认为若草伽蓝的创建工程是在610年开始的，不过如果从安放在西院金堂东间的药师如来光背铭文所记录的造像年代即推古十五年（607年）来推算的话，创建工程的开始年限也许还可以再提前若干年。

关于四天王寺的创建，虽然在《日本书纪》等史料中都有所记录，但是实际上还有很多不明确的地方。关于四天王寺的创建经过，最常见的传说是：用明二年（587年），在与苏我、物部的战役中出现战况不利时，厩户皇子也就是后来的圣德太子砍下白胶木制作了一个四天王像插到发髻上，并发誓如果在战役中取得胜利，就为四天王兴建寺庙，后来在战役中大获全胜的圣德太子果然还愿兴建了四天王寺。但是，在《日本书纪》中却有两处有关四天王寺创建的记录。一个是在崇峻即位前纪的"战乱之后，于摄津国造四天王寺"，另外一个是在推古元年（593年）的"此岁，首造四天王寺于难波荒墓"。除此之外，在《上宫圣德太子传补阙记》的物部氏灭亡后的记录中写有："于玉造东岸造寺，称之四天王寺。……后迁至荒墓村。"如上所述，关于四天王寺的创建，虽然有很多版本的传说，但是无论哪一种说法，其创建时间的下限都是推古元年。如果最晚是在推古元年开始创建工程的话，就与创建时期的檐头筒瓦的年代观不一致。如果在创建时期堂塔上没有葺

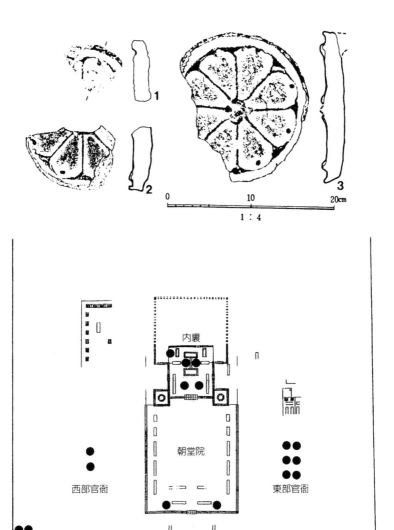

难波宫下层遗构中出土的檐头筒瓦与出土地点的概念图
（● 表示瓦的出土地点和出土数量）

瓦的话则另当别论,但是从玉造之地迁至荒墓之地的说法,也有其他问题存在。

现在的JR大阪环线有一个车站名为玉造,所谓玉造之地,所指就是该车站西方的上町台地一带,此处以难波宫遗迹(位于大阪市东区法圆坂町)而闻名于世。有调查报告称从其下层的遗构中出土了瓦制品,其中包含四天王寺创建时期的八瓣莲花纹样檐头筒瓦。难波宫遗迹分为前期和后期,前期的难波宫指孝德朝的难波长柄丰碕宫。所以其下层遗构就是指在这之前的,也就是7世纪前半的遗构。包括难波宫的兴建,由于经过了数次的土木工程,所以在其下层遗构中并没有发现寺庙的遗构。然而1984年的报告却称从十三个地方出土了瓦制品[1],由此可以推断,在玉造之地很有可能采用某种形式兴建过堂宇。并且,如果其中包含有四天王寺创建时期的瓦的话,那么就像《上宫圣德太子传补阙记》中记载的那样,这个地方很有可能兴建过四天王寺。只是,玉造之地与荒墓之地,也就是现在的四天王寺的伽蓝之地,两处之间的直线距离也只不过2.5~3公里左右。如果是先在玉造之地创建了四天王寺的话,为何非得迁往荒墓之地呢?这个原因很有必要弄清楚。

如果从玉造之地迁往荒墓之地一事属实,根据四天王寺出土的瓦的情况可以确认在大化改新之际,朝廷又开始了第二次兴建潮,其中很可能涉及难波宫的兴建。难波宫包括孝德朝的前期难波宫与圣武朝的后期难波宫两个兴建时期。前面已经提及过,从前期难波宫的下层出土了四天王寺出土檐头筒瓦的同范品。虽然没有发现寺庙的遗构,但是由于四天王寺建在了新都城的候选之地的玉造之地,所以也就很有可能被转移到了荒墓之地。尽管是

---

1. 八木久荣"难波宫下层遗迹 瓦类"(大阪市文化遗产协会《难波宫遗址的研究》8,116页,1984年)。

作为上宫王家的寺庙创建的，但是很有可能是出于保护都城而被迁移保留的[1]。

中宫寺与平隆寺

中宫寺是在斑鸠之地继法隆寺之后创建的寺院，是一座尼姑庵，就像与飞鸟寺相对应创建了尼姑庵丰浦寺一样。昭和三十八年对寺院遗址进行了发掘调查，发现其伽蓝配置构造为南侧置塔，金堂置北。不过没有发现回廊，在后世的绘画中也没有回廊出现，所以被认为最初就没有设计回廊。

创建时期使用的檐头筒瓦与山背北野废寺一样，同时使用了百济系和高句丽系两种檐头筒瓦。这种实例并不多见，尤其值得关注的是，平隆寺使用了中宫寺创建时期的两种檐头筒瓦的同范品。而且，已经确认这些瓦制品是在靠近平隆寺的金池瓦窑生产的。中宫寺和平隆寺的距离只不过4公里左右，相互之间或许存在某种关系，但是上宫王家的尼姑庵却使用了与若草伽蓝完全不同的檐头筒瓦，而且在不同氏族的寺院中也有使用，这一点实在令人好奇。

平隆寺又被称为平群寺，可能是平群氏的寺庙。但是据传说，平群氏的宗家早在这个寺院创建之前的五世纪末就已经灭亡。有关后来的平群氏，只知道有一个平群臣神手在苏我、物部战役中，率兵加入了物部守屋的讨伐军。平隆寺使用了中宫寺的同范瓦，而且，这种瓦又出自于靠近平隆寺的今池瓦窑，由此可以认定当时的平群氏位于上宫王家的势力范围内，是在斑鸠文化圈中进行寺院兴建的。

---

1. 森郁夫"四天王寺兴建的诸问题"（《帝塚山大学人文科学部纪要》创刊号,21页,1999年）。

中宫寺的檐头筒瓦之所以与若草伽蓝檐头筒瓦完全不同，很可能是因为该工程是由不同于若草伽蓝营建工房的其他的技术集团负责的缘故。但是，该技术究竟是由平群氏带来的，还是由上宫王家的第二技术集团提供的，这一点很难断定。

中宫寺创建时期檐头筒瓦的年代被认为是在推古朝末期左右，当时，若草伽蓝的兴建工程还在继续进行中，从以若草伽蓝的塔址为中心出土的檐头筒瓦中可以了解它的创建年代。从当时的情况可以推断，上宫王家很难抽调工匠参与中宫寺的兴建工程，只好从别处召集人员。为中宫寺提供瓦的瓦窑就在平隆寺的附近，由此是否可以认为中宫寺的工匠集团是由平群氏提供的呢？关于这一点，因为涉及平群氏当时是否拥有最新的技术力量，所以有必要将其与平群谷的古坟关系进行研究。比较中宫寺和平隆寺的同范檐头筒瓦，就会发现中宫寺的纹样更加尖锐，由此通过对瓦的观察，可以确认中宫寺的创建时间早于平隆寺。如此一来，之前所叙述的平群氏管辖的工匠，就很可能是先参加了上宫王家的寺院兴建，然后才进行平群氏自身的兴建工程的，这一情况使得问题越发复杂起来。

关于中宫寺和平隆寺存在两个系列的檐头筒瓦的问题，有如下一种可能性。所谓两个系列的檐头筒瓦，就是指之前所述的百济系和高句丽系，或者可以说是古新罗系的两种系列的檐头筒瓦。与此相同，在创建时期使用两种系列的檐头筒瓦的还有山背北野废寺。北野废寺的创建氏族很可能是秦氏，而且普遍认为该秦氏是新罗系的归化人。如此一来，就可以认为秦氏在修建寺院之际，在向兴建丰浦寺的苏我氏提供援助的同时，也从拥有百济系工匠的苏我氏处获得了百济系的技术，并将该技术与自身原有的新罗系技术同时使用到了寺院建设工程中。两种檐头筒瓦的存在，很

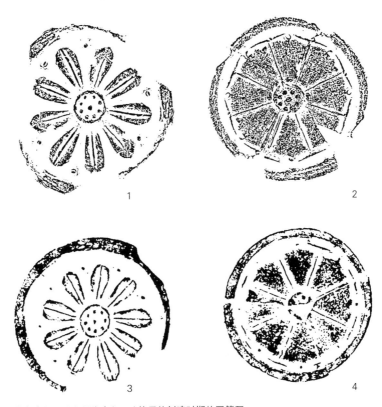

1   2

3   4

中宫寺(1、2)和平隆寺(3、4)使用的创建时期的同笵瓦
1、2是由碎片复原的

西安寺遗迹出土的檐头筒瓦
宗元寺遗迹中也出土了相同模
型制作的檐头筒瓦

可能就是如此产生的。然后，由于秦氏与上宫王家关系密切，所以在兴建中宫寺时得到了秦氏的技术援助，中宫寺可谓是北野废寺的复制品。由此，也可以认定直接参与中宫寺营建的是平群氏。

西安寺与宗元寺

作为远距离间的同范关系，可以以大和西安寺和相模宗元寺（位于神奈川县横须贺市公卿町）为例。二者间的直线距离大约370公里，其纹样为单瓣与蒲葵相互交叉呈十字形的设计，是一种别无他例的独特纹样。由于没有对西安寺进行发掘调查，所以尚无法了解此种纹样的具体样子，但是据《太子传见闻记》等文献记载，它应该是圣德太子建立的四十六个寺院中的一个。因为该寺位于斑鸠的西南方，所以才得此寺名的。

考察与斑鸠地区的关联，需要关注的是这种檐头筒瓦的蒲葵特征。在若草伽蓝和中宫寺的第二期的檐头筒瓦中，莲花瓣内装饰有蒲葵的瓦，被认为是在643年以前的年代制造出来的。之所以这样认为，是因为若草伽蓝的塔建于山背大兄王时代，而皇极二年即643年，上宫王家已经灭亡，由此可以推断这种瓦的制作年代应该是在此之前。有蒲葵装饰的檐头筒瓦的年代锁定以后，就可以推算出西安寺的檐头筒瓦的制作年代也接近此时期。而且，在相模宗元寺出土了此种檐头筒瓦的同范品，由此可以说明7世纪的第二四半期，修建寺院的高超技术已经在遥远的东国相模地区传播。

因为这种同范关系间的距离实在遥远，所以不可能是直接把瓦搬运过去的，很显然当时是引进了瓦当范。如果不仔细观察两个寺庙出土的檐头筒瓦，实在无法确认瓦当范究竟是从哪个地方引入的。在宗元寺，有模仿这种檐头筒瓦的瓦当纹样制作的瓦制品，模仿水平称不上高超，纹样幼稚粗糙，很可能是为了填补当时用瓦的不足部分而制作的。因为同样没有进行宗元寺的发掘调查，所以无法确认其实际情况，但是从留在遗址处的础石情况可以确定，它属于四天王寺式伽蓝设计。

大和西安寺和相模宗元寺的创建者之间究竟存在何种关系，这一问题非常有必要研究清楚。但是由于尚不明确各氏族的名字，所以接下来的研究任务会相当艰巨。不过，只要研究檐头筒瓦极具特征的瓦当纹样，就可以确认古新罗，也就是朝鲜半岛统一前的新罗瓦当纹样特征的一部分。使用蒲葵装饰就是它的一个特征，在莲花瓣中间刻画一条或两条沉线，并在中房周围环刻沉线。莲花瓣中间的沉线很可能是为了突出表现莲花瓣中间的棱线的，在古新罗的檐头筒瓦中经常可以看到莲花瓣中间的棱线。另外，在中房周围环刻沉线也是古新罗檐头筒瓦的特点之一。从以上观点推理的话，可以认为西安寺和宗元寺的创建者可能都是归化系氏族，也可能是掌控了来自朝鲜半岛的技术人员的氏族。

另外，从若草伽蓝的忍冬瓣檐头筒瓦还可以作出如下推断，能够把这种特殊瓦当纹样的檐头筒瓦铺葺到房顶的，一定是实力强大的豪族。仔细分析宗元寺的话，就会发现该寺位于包含皇族封地的相模国三浦郡。天平七年的《相模国封户租交易帐》记载说，相模国曾经有过山形女王与桧前女王的封地，自古以来就与中央关系密切，与大和地区檐头筒瓦保有同范关系也就不足为怪了。由此可见，瓦当纹样展现的并不只是简单的同一性，在其背后还蕴含着很多社会背景。

野中寺与尾张元兴寺

在其他地方也发现了畿内和东国的关联，那就是野中寺出土的檐头筒瓦，他的关联对象是尾张元兴寺。虽说比宗元寺所在的相模地区近一些，但也位于跨越不破关地区的东国，两者间的直线距离大约为140公里。颇有趣的是，不知出于何种关联，与前项的西安寺和宗元寺一样，该寺院的瓦当纹样也装饰有蒲葵。不同之处是，它与若草伽蓝一样，是在莲花瓣内装饰蒲葵的。

从蒲葵纹样的情况可以看出，野中寺的这种纹样要晚于若草伽蓝。在野中寺进行的发掘调查中，出土了写着"康戌年"的文字瓦。这是"庚戌年"的误写，这一年是白雉元年（650年），正好是7世纪中叶。从观察结果来看，这种文字瓦属于野中寺创建期，由此可以确定装饰有蒲葵的檐头筒瓦也是在同一时期出现的。野中寺有一座著名的小金铜佛，台座的铭文上刻记着丙寅（天智五年=666年）二字，它与野中寺的关系尚不很明确。关于野中寺的创建者，有两种观点，一种观点认为是百济系归化人船氏，另一种观点认为是与寺院所在地野野上相同名字的野野上连。

尾张元兴寺使用了野中寺檐头筒瓦的同范品，这究竟意味着什么呢？尾张元兴寺的创建者为尾张氏，该氏族素来就与朝廷有着密切关系。在尾张，与朝廷相关的设施有入鹿、间敷的两屯仓和热田神宫，与这些设施相关的氏族就是尾张氏。尾张氏为了管理两屯仓而进入尾张后，他的居住地位于设立间敷屯仓的春部郡，之后他又担任创建热田神宫之职。而入鹿屯仓的所在地在丹生野，此处自古起就属于豪族丹生县主的势力范围。也许正是因为当地有如此势力强大的豪族，尾张氏才被派遣到此处的吧。

尾张氏后来迁居到爱知郡，并在那里创建了自家的寺庙元兴寺。虽然无法知道这个寺庙的具体规模，但从创建时期的檐头筒瓦来看，它应该是在7世纪第二四半期开始兴建的。这种檐头筒瓦的纹样是无子叶莲花纹结构，在外缘环刻有重圈。舒明十三年（641年）开始兴建的山田寺，就是通过外缘环刻重圈的檐头筒瓦而判断出其制作年代的实际例证。另外，从舒明十一年创建的、被认为是百济大寺遗址的寺庙遗迹中也出土了重圈外缘檐头筒瓦，由此可以断定这种檐头筒瓦在630年代后半期就已经存在。不过，这些檐头筒瓦纹样的莲瓣中都有子叶相伴，而尾张元兴寺的檐头筒瓦纹样却没有子叶装饰，也就是无子叶单瓣。在重视地域差，并期望各地豪族提供技术的那个年代，虽说不能轻视这一问题，但是如果过于重视的话，反而会误解创建寺院的本质含义。由此可以判断，尾张元兴寺的无子叶单瓣莲花纹样檐头筒瓦出现于山田寺的前后时期。

如果参照上述观点的话，那就是尾张元兴寺的创建时期早于野中寺，是在开始兴建工程不久后，使用河内地区野中寺提供的瓦当范进行了瓦的生产。这种檐头筒瓦是在野中寺使用之后，再在兴建尾张元兴寺时使用的。不过，瓦当范在从野中寺转用到尾张元兴寺的阶段发生了变化，中房的莲子雕刻得很深，而且间瓣也被改刻得又高又尖锐。

从这一点来考虑，尾张元兴寺的兴建工程有一些令人疑惑之处。单从尾张元兴寺创建时期的檐头筒瓦来判断，尾张氏在开始创建工程之际，明明拥有很多兴建寺庙所需的工匠集团，却在一段时期后，接受了河内野中寺营建工房提供的瓦当范，继续进行寺庙的兴建工程。如果檐头筒瓦的情况如此的话，除了瓦的生产以外，还有可能从野中寺或者周边地区获得了其他层面的各种技术支持。就算尾张氏是由畿内派遣来的官员，也不可能完全掌握兴建寺院所需的所有技术。那么，尾张氏与野中寺的创建者之间又有怎样的关系呢？也许拥有悠久家世的尾张氏与河内的诸多归化系的豪族关系密切，并且是在进行新兴文化之一的佛教寺院的兴建之际，增进了与各氏族之间的密切关系。另外，在飞驒地区的寿

野中寺(上)和尾张元兴寺
(下)使用的同范瓦

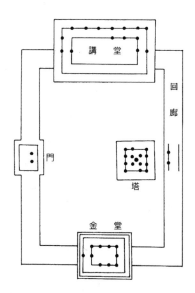

桧隈寺遗迹伽蓝配置图

横见废寺出土的檐头筒瓦　同范品在安
艺的明官地废寺、大和的桧隈寺、吴原寺
也有使用

乐寺废寺也发现了忍冬瓣纹同范的檐头筒瓦,不过,有关具体情况还不清楚。在四天王寺的西门附近也出土了这种檐头筒瓦的同范品,其中含义,实在难以了解。

桧隈寺、吴原寺与横见废寺、明官地废寺

大和的檐头筒瓦和西国的檐头筒瓦之间也有同范关系,在创建于飞鸟地区的桧隈寺、吴原寺和安艺国的横见废寺、明官地废寺等处都发现有同范品存在[1]。西安寺和宗元寺的距离非常遥远,大和与安艺也相隔很远。这种同范的檐头筒瓦就是所谓的单瓣莲花纹檐头筒瓦,子叶周围添加有毛羽。在佛像的台座上也可以看到这种纹样,又被称为火焰纹,可以认为此种设计与佛像上的纹样相同。在发掘调查中,从大和的两个寺庙中只有少量这种檐头筒瓦出土,而在安艺的寺庙中却出土了很多。值得注意的是,在大和和安艺地区出土了同范品。通过发掘调查,已经确认了大和地区两个寺庙中桧隈寺的堂塔规模和配置。该寺的伽蓝配置比较特殊,如伽蓝呈西向,回廊内只设置塔,南面回廊和北面回廊分别设置在金堂和讲堂的两侧,中门被设置在东回廊的中央等。具有如此伽蓝配置的寺庙,或许只有桧隈寺。在桧隈寺的遗址处,建有"淤美阿志神社",供奉的是开辟此地的阿知使主。传说阿知使主是后汉灵帝的曾孙,东汉直的始祖。由此,桧隈寺被认为是归化人的寺庙。特殊的伽蓝配置或许是因为该地的地形而设计的,但更主要的原因或许是由东汉氏所拥有的特殊的佛教观所决定的。

关于安艺地区的两个寺院,横见废寺的创建时间可能更早。至今尚不清楚究竟是通过何种形式将这种瓦当范从大和地区传

---

1. 广岛县教育委员会《安艺横见寺的调查》Ⅰ,22页,1972年。
   吉田町教育委员会《明官地废寺遗迹试发掘概要》18页,1986年。

入安艺地区的，但是为横见废寺提供制品的瓦窑却建在距离该寺约150米的西侧丘陵地带。另外有报告称在与明官地废寺一山之隔的正敷田遗址也出土了同范品。关于安艺地区为何会生产这种特殊的檐头筒瓦，很难找到答案。其中一个可能性就是，白雉元年倭汉直县与白发部连镫、难波吉士胡麻共同被派遣到安艺，负责建造百济船。倭汉直县又被称作书直县，于舒明十一年被任命为百济大寺营造大臣。之前已经介绍过，桧隈寺位于东汉直一族的势力范围内。作为东汉直的一员，又有卓越的营建技术的倭汉直县，即书直县被派遣到安艺之地，其中一定会存在着某种关联。虽然无法确定书直县是否直接参与了横见废寺和明官地废寺的创建，但可以确定的是该寺的创建与当地的归化人之间肯定存在紧密的关联。

平川废寺与百济寺

在山背地区营建的平川废寺和在河内地区所营建的百济寺(位于大阪府枚方市中宫)之间，也被确认有几种檐头瓦存在同范品，这些都是8世纪奈良时代的制品。平川废寺的结构为法隆寺式伽蓝配置，而百济寺则是药师寺式伽蓝配置。并且两个寺庙的共同之处是，在这些同范檐头瓦中可以发现与恭仁宫、平城宫以及平城京内的官寺存在同范关系的制品。由此首先可以断定的是，两寺的创建者肯定与官家存在某种关联。关于两寺的创建者，普遍认为平川废寺由栗隈氏创建，而百济寺则由百济王氏创建，他们两者之间又存在怎样的交集呢? 从官家与多个氏族间的共通之处考虑的话，其背后肯定存在某种错综的缘由。

那么就依次来研究一下同范品。首先看看恭仁宫的同范品。从《续日本纪》可以了解到，当时朝廷迁都到恭仁的举动非常唐突,有关迁都如此重要的决定,实在是有准备不足之嫌。但是,如果主张迁都的是橘诸兄的话,也不难理解其想要舍弃由藤原氏建立的平城京,而通过新的都城来稳定自己政权的心情,关于这一点暂且不提。尤其值得关注的是平川废寺和恭仁宫同范关系的檐头筒瓦。正如在第二章"瓦当范的改制"中所叙述过的那样,是将环刻在外缘的线形锯齿纹改成了凸起锯齿纹。线形锯齿纹阶段的制品,在平川废寺和恭仁宫的制品中属于同范关系。在使用这种瓦当范生产为平城宫提供的瓦的过程中,将其外区外缘改制成了凸起锯齿纹。恭仁宫平城宫的瓦都是在造宫省的工房生产的,究竟为何会有这种变化呢?关于这一点,正如之前提到的那样,很可能与橘诸兄极力主张迁都到恭仁,以及从平川废寺出土的檐头筒瓦的同范品有关。平川废寺所在的山背久世郡是位于木津川、宇治川、淀川三条河流交汇处的要塞地区。从大和地区至距离河流交汇处不远的地域,自古就是栗隈氏的势力管辖范围。平川废寺被认为是由栗隈氏创建的,栗隈氏又和橘诸兄有着密切的关系。截至天平八年11月以前,橘诸兄为葛城王,他的祖父是栗隈王。冠以地名的王的名字,一般与当地具有某种关联。关于栗隈王名字的由来,或许是与他母亲出生在该地,或者是养育他的人出生于该地有关。而且栗隈氏本身自舒明朝以来就与朝廷十分亲近,曾经将家族中的一个女孩作为采女送入朝廷,到了天智朝与天武朝时期,位高至天皇的外戚关系。

从以上可以推断,推进恭仁宫兴建的橘诸兄与栗隈氏有着密切的关系。出于这种关系,橘诸兄在兴建恭仁宫之际就得到了栗隈氏的大力援助,因而这种关系也反映在了同范品的檐头瓦上。后来橘诸兄在天平十七年平城迁都后进行的兴建工程中,也受到了栗隈氏的援助。

平川废寺与百济寺遗迹出土的同笵檐头瓦

山王废寺（上）与寺井废寺的同笵檐头筒瓦

关于平川废寺和百济寺的关系，可以通过处于二者之间的橘诸兄来考虑。关于百济寺的创建年代，始终难以决定。如果是在一开始就设计了在回廊内安放双塔的伽蓝配置，那么其创建年代就该是7世纪末叶左右。但是到了奈良时代，真正掀起兴建工程的热潮，被认为是在百济王敬福开始活跃之后。

在百济王敬福担任陆奥国守护期间，当地开始出产黄金，使得东大寺大佛的镀金制作成为可能。为此，圣武天皇龙颜大悦，将百济王敬福从五位下一举升任到从三位。由于时任宰相是橘诸兄，所以关于百济王敬福任地发现黄金一事，甚至有人认为是出自橘诸兄的谋划。由此可以确定橘诸兄、栗隈氏以及百济王敬福三者的关系。

山王废寺与寺井废寺

从东国的寺庙中也确认了几处同笵关系。之所以出现这种关系，也是源于一方为另一方提供技术的结果。山王废寺被认为是最早建立在上野的寺庙，它由群马郡创建。寺井废寺的兴建晚于山王废寺，由新田郡创建。由此可以推断出瓦当范的移动应该是由山王废寺到寺井废寺的，此处所提及的檐头筒瓦为装饰有复瓣七瓣莲花纹的瓦当纹样，并不是山王废寺创建时期的檐头筒瓦。

这种檐头筒瓦，中房的莲子为1、4、8，它的莲花瓣极其精美均整，远看根本看不出是七瓣的奇数。在八重卷瓦窑（位于群马县安中市下秋间字东谷津）也出土了在两个寺庙使用过的檐头筒瓦，八重卷瓦窑修建于碓冰郡。虽然无法确定八重卷瓦窑是否为两个寺庙提供过瓦制品，但是能够确定生产过这种檐头筒瓦的瓦窑只有八重卷瓦窑。不管怎样，这一现象还是值得关注的，也就是说，山王废寺属于群马郡，寺井废寺属于新田郡，八重卷瓦窑属于碓冰郡。大多数情况下，寺院的瓦窑都会建在邻近寺院的周围，就算稍微远离寺院，也会建在同郡内。无论八重卷瓦窑属于山王废寺的创建者，还是属于寺井废寺的创建者，它都等同于是建在了不同于各自寺庙所在的郡内。

这一现象，实在可以说是特殊的例子。如果这个瓦窑是由与前述两寺创建者毫不相干的人修建的话，那就更是奇特实例了。从两地之间的距离来看，八重卷瓦窑距离山王寺更近一些。而且，假如八重卷瓦窑果真为寺井废寺提供过瓦制品的话，就意味着运送必须经由群马郡。这是一条由碓冰岭进入上野，然后经由后来被称为北国街道的东山道再连接下野方面的主干道。该道路对于畿内政权来说，是一条非常重要的道路。寺井废寺是在使用了山王废寺的同范檐头瓦后，又使用了川原寺式檐头瓦的寺院。寺井废寺之所以建在新田郡，其意义可能就在此。在上野地区拥有最大势力的山王废寺的创建者，最先获得了创建寺院的机会，而且在其创建时期所使用的檐头筒瓦的瓦当纹样属于畿内系,由此可以证明他们受到了中央政权的技术援助。而仅次于山王废寺创建者占据势力的群马郡,拥有同样重要地理位置的新田郡则位于接近下野国境之处。正因为其所处的地理位置,新田郡才能够使用与山王废寺同范的檐头筒瓦,也就是说有可能接受创建寺庙所需的技术援助。

源于官府的技术传播

在7世纪前半阶段,技术传播都是在氏族之间进行的。而到了7世纪中叶,朝廷也开始独立创建寺院,不久之后,在氏族创建寺院之际,朝廷开始向他们提供技术援助。然后,成立了可以称之为政府的国家机关,之后设立营建机构,并向各地派遣技术人员。这种类似朝廷、政府的部门,此处将其称为官衙。概观从7世纪中叶之后一直贯通整个8世纪的瓦的情况,就可以在各地区发现与官瓦具有相同点的瓦。如果研究瓦当纹样,就会更加明了这种情况。

吉备池废寺、木之本废寺与四天王寺、海会寺

平成九年和十年,在吉备池废寺遗址发现了未曾出现过的,大规模的金堂和塔的基坛,因此引起了该寺是否是百济大寺遗址的争论。在此之前的昭和六十年,在香具山麓的橿原市木之本町进行的发掘调查中,虽然没有发现寺庙的遗构,但是根据出土的大量的瓦,被命名为木之本废寺的遗迹也被推定为百济大寺遗址[1]。由

---

1. "左京六条三坊西北坪的调查 (第37—7次) (奈良国立文化遗产研究所《飞鸟·藤原宫发掘调查概报》14,30页,1984年)。

　　"左京六条三坊的调查 (第45、46次)"(《同调查概报》16,23页,1986年)。

于木之本废寺的檐头筒瓦与四天王寺属于同范关系，檐头板瓦与若草伽蓝和法轮寺是同范品，所以被认为它不可能只是普通的氏族寺院，很可能是由创建四天王寺和斑鸠各寺相关联的人创建的。而且从檐头筒瓦的年代观可以判断，木之本废寺的创建年代为7世纪第二四半期，因此，该寺才被认为很可能是舒明十一年 (639年) 创建的最早的官寺——百济大寺的遗址。

以下再详细介绍一下有关瓦的情况。檐头筒瓦的瓦当面装饰有重圈缘有子叶单瓣莲花纹，与山田寺创建时期的檐头筒瓦的纹样结构非常相似。纹样非常尖锐，制作年代被认为早于山田寺若干年。在四天王寺发现了这种檐头筒瓦的同范品，从瓦当面观察，可以确认木之本废寺的制品早于四天王寺。

檐头板瓦中值得关注的类型有两种，一种是印章忍冬纹檐头板瓦，它与在第一部第三章的檐头板瓦的纹样部分叙述的一样，与制作于若草伽蓝第二阶段的印章纹檐头板瓦的纹样相同。虽然只是印章相同，

木之本废寺

四天王寺

海会寺

三寺的同范檐头筒瓦

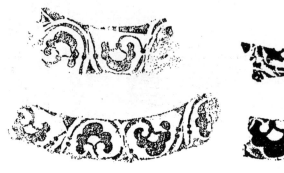

若草伽蓝　　　　　　　　　　　　木之本废寺

摁有相同印刻的若草伽蓝和木之本废寺的檐头板瓦

法轮寺（上）和木之本废寺（下）的同范檐头板瓦

并不是瓦当范,但也可以称之为同范檐头板瓦。不过,若草伽蓝的印章是以上下相反交替的顺序排列的,而与此不同的是,木之本废寺的印章都是方向朝下并排摁压的,也许这是为了显示有别于若草伽蓝而设计的。另外一种檐头板瓦与斑鸠法轮寺使用的均整忍冬唐草纹檐头板瓦是同范品。在法轮寺的檐头板瓦中,有一些瓦上带有"池上"、"玉井"的刻印,而在木之本废寺出土的瓦上也有"池上"的刻印。能拥有与上宫王家关系密切的寺庙相同的瓦制品,说明木之本废寺绝不是普通的氏族寺院,也很可能是与官方有关的寺院。山田寺创建的年代是舒明十三年 (641年),在此前后期间创建的寺院只有百济大寺,由此,木之本废寺才被认为很可能就是百济大寺。另一方面,法轮寺檐头板瓦的同范品,与法隆寺再建之后所使用的一系列均整忍冬唐草纹檐头板瓦有相同之处,属于7世纪第四季度的制品。因此,可以断定木之本废寺的兴建工程持续了很长时间。

有观点认为四天王寺使用木之本废寺的同范檐头筒瓦的时间为大化改新前后,当时四天王寺正好在大力进行第二期修建工程。该工程究竟是由上宫王家进行的,还是由官衙负责进行的,如果从上宫王家灭亡于皇极二年 (643年) 这一点来考虑的话,还真是难以推断。不过如果从大化元年八月发布的奖励寺院营建的诏书来判断的话,工程应该是在上宫王家灭亡之后继续修建的。还有一点值得关注的是,这种檐头筒瓦的同范品在位于和泉地区的海会寺(位于大阪府泉南市信达大苗代)的创建时期也有使用[1]。通过昭和五十八年进行的数次发掘调查已经确认,尽管该寺院规模不是很大,但它却是一座具有法隆寺式伽蓝配置的寺院。并且通过对

---

1. 泉南市教育委员会《海会寺 海会寺遗迹发掘调查报告书——本文篇》147页,1987年。

瓦当面的观察,已经确认该寺用瓦的生产晚于四天王寺。

寺庙所在地由于当时还没有建立和泉国,所以该地区属于河内国,归河内国的日根郡呼唹乡管理。日根郡并不是大郡,呼唹乡也是一个小乡,有关创建寺院的氏族也不清楚。为什么会在这种地区使用与官营寺院同范品的檐头筒瓦呢?学界普遍认为,在吉备池废寺和木之本废寺之间曾有瓦的搬运行为,而在那之后的四天王寺、海会寺之间则曾有搬运瓦当范的行为。兴建四天王寺时,很可能存在一个类似营建工房的机构。然而,由于海会寺是该地区第一个兴建的寺庙,所以那时应该还没有掌握兴建寺庙所必需的全部技术。存在与四天王寺同范的檐头筒瓦,也就是瓦当范被搬运到这里的情况说明,该寺的大部分营建技术都是由官方提供的。那么,官家为什么会为这种地方建的寺院建设提供技术援助呢?很可能就是因为该地区位于畿内的西南端。虽然关于畿内制度成立于何时也是一个重要问题,但很可能是出于将纪伊收入视野范围内,以此来对当地某豪族进行援助的目的。海会寺所在地的南边,翻过和泉山地的雄山岭就是纪伊国。7世纪后半期,纪川的水路,以及纪川沿岸的陆路是一条重要的交通要道,也是连接摄津难波津和飞鸟的交通要道之一。当时的纪氏拥有很强大的势力,作为与这种势力抗衡的对策之一,就是为日根郡呼唹乡的豪族提供技术上的帮助来创建寺院。

在《古事记》和《日本书纪》的神武东征传说中也涉及了纪伊的情况,此地称作茅渟,与朝廷关系密切,在神武东征的一个转机战役的记载中,可以看到"茅渟山城水门"的名字。也就是说,从《日本书纪》神武即位前纪戊午年五月的记载中可以看到该名字,时人称为"雄水门",此处归泉南市樽井管辖。在这次战役之后,军队继续向纪伊的名草挺进,位于泉南管辖内的该地区与纪伊接壤。另外，《古事记》将其记载为"纪伊南水门"，关于这一点很可能是因为该地区属于纪伊的缘故。无论出于哪种原因，可以明确的是，朝廷已经意识到了纪伊的威胁，泉南地区作为对中央政权具有极其重要影响之地，已经被掌控于手中[1]。

本药师寺与西国分废寺

　　这一部分的内容虽然代表西国分废寺（位于和歌山县那贺郡岩出町西国分），但是在纪川沿岸的多个寺庙中却都可以看到本药师寺创建期的檐头瓦的同范品。这些寺院分别为西国分废寺、古佐田废寺（位于和歌山县桥本市古佐田）、神野野废寺（位于和歌山县桥本市神野野）、名古曾废寺（位于和歌山县伊都郡高野口町名古曾）、佐野废寺（位于和歌山县伊都郡町葛木佐野）等，因为没有对所有的遗迹进行发掘调查，所以并不能完全确定它们是否为寺院，有些也很可能是瓦窑。但是值得注意的是，除了西国分废寺以外，这些遗迹都位于邻近大和地区的纪伊国的伊都郡，并且是建在纪川的沿岸。

　　本药师寺创建期的檐头筒瓦大致可以分为两种。一种是装饰单瓣莲花纹样的瓦当面，莲瓣为重瓣风格的凹瓣。外区内缘环绕珠纹，外缘环刻有密密的线锯齿纹。另外一种是装饰复瓣八瓣莲花纹样的瓦当面，与前一种相同，外区内缘环绕珠纹，外缘环刻有密密的线锯齿纹。其中在西国分废寺发现了单瓣莲花纹样檐头筒瓦，而在古佐田废寺、神野野废寺、名古曾废寺、佐野废寺则发现了复瓣莲花纹样檐头筒瓦。檐头板瓦的瓦当纹样为偏形唐草纹，这种纹样结构的檐头板瓦可以分为多种类型，而地处于纪川沿岸的

1. 森郁夫"围绕古代寺院的诸问题"（《日本古代寺院营建的研究》386页，1988年）。

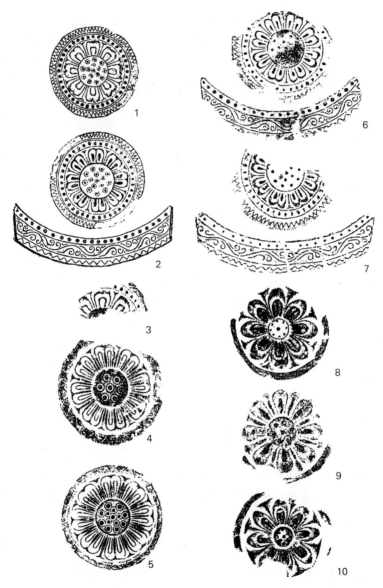

本药师寺与纪川沿岸各寺庙的檐头瓦
1、2 本药师寺　3、4、8 西国分废寺　5 上野废寺　6 古佐田废寺　7 佐野废寺　9 最上废寺　10 北山废寺

每个寺院的檐头板瓦却都是同一种特定类型的檐头板瓦。

如上所述，本药师寺与纪川沿岸各寺庙之间存在的同范关系，是否可以认为是单纯的技术传播行为，关于这一点尚无法断言。在兴建本药师寺之际，朝廷很有可能指示纪川沿岸各寺庙的兴建者，也就是各豪族在兴建方面要提供帮助。换言之，伊都郡很有可能生产了本药师寺兴建用瓦。这种兴建体制，也许是由其中的某一个豪族负责向其他豪族发布指示。这种可能性，如果对其他瓦进行研究的话，就会得到若干证据。

在拥有与本药师寺第一种类同范品的西国分废寺出土了两种纹样结构的檐头瓦，一种是坂田寺式檐头筒瓦，另一种是以上野废寺出土的檐头瓦为代表的、纪伊独特纹样结构的檐头瓦（上野废寺式）。坂田寺式檐头筒瓦以重瓣风格的单瓣莲花纹为瓦当纹样，其特征为由棱形表现的高高的莲花瓣。在纪伊，除了西国分废寺以外，在最上废寺和北山废寺也可以发现同样纹样结构的瓦制品，其中西国分废寺所用檐头筒瓦与坂田寺所用檐头筒瓦的纹样结构最接近。由此可以推断，大和地区的寺院营建技术首先传到了西国分废寺，然后又传播到了最上废寺和北山废寺。虽然不清楚这种技术是由西国分废寺的创建者传播的，还是直接从大和地区传播来的，但是可以了解的是最上废寺和北山废寺所在之地位于与纪川交汇的贵志川两侧，同样处于该地域的重要交通要道上，三个寺院同属于那贺郡。也就是说，纪伊国的寺院建设是从那贺郡开始的。

以上野废寺为代表的纪伊特有纹样的檐头瓦，是一种带有统一新罗特征的纹样结构。所谓新罗特征是指，檐头筒瓦的莲花瓣的子叶为凹瓣，外缘上方环刻有珠纹，瓦当部侧面刻有两、三条凸线等。檐头板瓦也同样外缘上方环刻有珠纹，颚部有数条凸线。

带有这种特征的檐头瓦出现在上野废寺、山口废寺、直川废寺等处,这些寺院都属于名草郡。

　　建在那贺郡的西国分废寺也使用了上野废寺式檐头瓦。虽然无法确定这一系列上野废寺式檐头瓦的年代顺序,但是在西国分废寺发现上野废寺式檐头瓦和橡木盖瓦这一事实说明,在引进统一新罗样式技术之际,西国分废寺的创建者与此有着某种关联。在西国分废寺存在着本药师寺创建期的同范品,尤其是重瓣风格的檐头筒瓦,这一情况可以说明在纪伊地区,西国分废寺的创建者是该地区寺院兴建的主导者[1]。

四系列的瓦与各地的寺院

　　在这里所说的四系列的瓦,是指沿用了山田寺、川原寺、法隆寺、纪寺(小山废寺)等各寺创建期所使用的檐头筒瓦纹样结构的瓦,关于法隆寺的用瓦,还包括西院伽蓝创建期的檐头板瓦的纹样结构。在全国各地的寺庙出土的檐头板瓦中,有很多与这些瓦当纹样非常相似的制品,这种现象绝非偶然。造成这一现象的可能性有两种,一种是由各寺院的兴建者从某处引进的结果,另一种是由某处传入这种纹样设计的结果。从其情况来看,因为各自的纹样结构都是以前面提及的四座寺庙的纹样为基础,所以被称为山田寺式(系)、川原寺式(系)、法隆寺式(系)、纪寺式(系)檐头筒瓦、檐头板瓦。

　　那么这些瓦当纹样是如何传到各地的呢?其传播背景也许可以考虑以下原因。关于法隆寺系瓦当纹样的传播经过大致如下:在法隆寺的庄仓和田地所在之处,发现有很多这种系列的瓦,由此

---

1. 森郁夫“纪氏寺院”(《日本的古代瓦》234页,1991年)。

可以推断有参与庄仓和田地经营的氏族存在。另外，有关川原寺系的情况是：由于该系列的瓦广泛分布于美浓一带，所以普遍认为在壬申之乱时，帮助过大海人皇子的当地豪族阶层于战乱结束后进行寺庙兴建时得到了朝廷的技术援助。这可能就是川原寺瓦出现的大概背景。无论是通过哪种途径传播的，瓦当纹样上体现了与政权中枢部的关联，这种情况碰巧只能通过没有腐烂的瓦来了解。由此可以断定随着寺院的兴建，大量技术得以传播。

虽然说四系列的瓦广泛分布于全国各地，但是具体情况也有不同。山田系主要分布于东日本，法隆寺系则主要聚集在西日本。川原寺系尽管可以说是分布于关东地区，但实际上主要集中在山背到美浓一带。纪寺系虽然在伯耆也可以看到，但是主要集中在山背、近江一带。可以认为这种情况反映了当时的技术提供方的各自不同的情况。前面提及的川原寺系檐头筒瓦主要集中在美浓一带的情况说明，在当地兴建寺院之际，得到了集中性的技术援助。前面已经介绍过川原寺系檐头筒瓦在山背地区也有存在的情况，实际上纪寺系檐头筒瓦在山背地区也很普遍。但是，这两个系列的檐头筒瓦即使存在于山背地区，也主要是集中在南山背地区。并且这两个系列的檐头筒瓦，根据所在郡的不同，其分布情况也非常明了。也就是说，尽管会多少有一点重复之处，但是使用川原寺系檐头筒瓦的寺院和使用纪寺系檐头筒瓦的寺院分别属于不同的郡。这一现象让人觉得带有极强的目的性。纪寺系檐头筒瓦的特征是外缘环刻有雷纹，这种纹样极其特殊，在日本很少使用。一直以来出土这种檐头筒瓦的寺庙遗迹都被称为纪寺遗迹，被认为是纪氏的寺庙。不过，从同系列纹样的檐头瓦的分布背景中，可以发现政治性的因素存在，由这一点来判断的话，可以认为出土了这种雷纹缘檐头筒瓦的纪寺遗迹应该不是纪氏的寺庙，而是以某种形式营建的官寺中的一个。事实上，并没有从纪氏的原籍纪伊国出土雷纹缘檐头筒瓦，而在官寺川原寺却有雷纹缘檐头筒瓦出土。由于以上原因，现在已经根据纪寺遗迹所在地名而称其为小山废寺。在本书中，有时称它为纪寺遗迹，有时又称作小山废寺。之所以这样，是因为该寺的名称尚没有最终确定，所以才如此区分使用的。

以上问题暂且搁置，可以确定的是雷纹缘檐头筒瓦的分布情况是受官家的影响而形成的。关于其他三个系列的瓦的情况，也应该同样考虑。那么，这些瓦是从何时开始这样分布的呢？也就是说，兴建寺院的技术是何时传播到各地的呢？是否是同一时期普及的呢？官家，即朝廷开始积极援助寺院兴建事业是在孝德朝以后。但是，在前面所叙述的四系列的檐头瓦中，除了山田寺以外，其他三座寺院使用的都是天智朝成立以后的瓦当纹样。在使用山田寺系檐头筒瓦的寺院中，也有一些在7世纪第三四半期开始兴建工程的寺庙。天智朝一直忙于处理白村江战役，而天武、持统朝时期镇护国家的思想逐渐高涨，也许正是这种原因促使寺院兴建事业普及到了全国。

平城宫与国分寺

在国分寺的檐头瓦中，有很多制品都反映了它可能受到朝廷某种形式的援助。其中，可以确认引进了瓦当范的寺院为伊予国分寺（位于爱媛县今治市国分）和壹岐岛分寺（位于长崎县壹岐郡芦边町国分）。虽然纹样极其相似，却鲜有同范品，说明技术人员的水平已经达到了一定程度。也就是说，这一现象表明当地已经可以参考资料数据独立制作瓦当范了。

虽然已经确认的平城宫和国分寺同范品只有壹岐岛分寺，不

山田寺式檐头筒瓦
左：山田寺遗迹
右：龙角寺

川原寺式檐头筒瓦
左：川原寺
右：下野药师寺遗迹

纪寺式檐头筒瓦
左：纪寺遗迹
右：宫井废寺

法隆寺式檐头筒瓦
左：法隆寺
右：虚空藏寺遗迹

过伊予国分寺也有这种可能性存在。另外，在山背国分寺存在各种与平城宫同范的檐头瓦，不过那是由恭仁宫大极殿引入山背国分寺而带来的现象。伊予国分寺的资料为檐头筒瓦，昭和十三年发行的《国分寺研究》中只刊载了其照片，却没有资料实物，据说实物已经在战争中遗失。与《国分寺研究》上的照片进行比对的话，可以确认是同范品。使用了同范的檐头筒瓦这一事实可以说明，兴建工程除此之外还会有其他技术援助，同时也意味着伊予国分寺的兴建工程远远晚于其他寺院。

在第一部第二章的"瓦的年代"中，叙述过远江国分寺的兴建工程可能比较早，它说明远江国分寺的瓦当纹样完全是当地特有的，也就是独立生产的。从这一点也可以了解，与平城宫和平城京内寺院使用相同纹样瓦的国分寺的兴建工程开始得非常晚。

虽然该地区的国守护在国分寺兴建期对于兴建事业也很负责，但是值得关注的是，在这个时期内还有伊予国守护百济王敬福。敬福于天平宝字三年（759年）出任伊予国守护候补，同八年正月转任赞岐国守护。百济王敬福对于奈良朝政府来说是一位极具才能的官人，他在任陆奥国守护期间，因为筹备到了为东大寺大佛镀金用的黄金而受到嘉奖，官阶一跃到了从三位，这位百济王敬福在天平年间作为国守护在任的属国多达7个。在这些属国中，有6国的国分寺或者使用了平城宫系檐头筒瓦，或者存在同范檐头筒瓦，就算这期间也曾有过其他国守护，但不能说这些与百济王敬福完全毫无关系。

关于壹岐岛分寺，虽然很难确认政府派往此地的官员具体为何人，不过可以推断很可能是在与伊予国同样的情况下进行营建工程的。

在带有平城宫系檐头瓦的国分寺中，第一个必须介绍的是上总国分寺。在国分寺兴建期担任上总国守护的有前面提到名字的百济王敬福,他担任上总国守护的期间为从天平十八年九月后的几个月内。虽然不知道他是否直接指挥了国分寺的建设,但是如前所述,在他作为国守护赴任的7国中,有6个属国的国分寺中出现了与平城宫相同纹样的檐头瓦,这一点非常值得关注。在上总国分寺的檐头瓦中,分别有两种檐头筒瓦、檐头板瓦为平城宫系。重圈纹檐头筒瓦和重郭纹檐头板瓦作为难波宫的檐头瓦而广被熟知。上总国分寺的纹样特点是,在重圈纹檐头筒瓦的中心装饰有一个珠点,具有平城宫所用重圈纹檐头筒瓦的特征,该纹样在平城宫的使用年代属于圣武朝时期。

另外一种的莲花纹檐头筒瓦的纹样也与圣武朝朝堂院使用的纹样相同。与其搭配使用的檐头板瓦,尚不清楚平城宫内具体使用它的官衙是哪里,但是该纹样呈现的均整唐草纹中心装饰极具特征,唐草纹为左右四次的翻转形状。四次翻转的均整唐草纹檐头板瓦,在整个奈良时代也极其少见,大多数为三次翻转。上总国分寺使用了带有这种特征的平城宫系檐头瓦,很显然是接受了中央政府提供的技术援助。

可以确认骏河国分寺(位于静冈市大谷片山)的檐头瓦也使用了平城宫系的瓦当纹样。檐头筒瓦的纹样基本相似,而檐头板瓦与平城宫第二次朝堂院使用的一个制品可以说完全一样。在朝堂院所用的檐头板瓦中,有刻错纹样的情况。与其说是刻错了纹样,很可能是纹样的底稿出现了错误。这种纹样的特点为,在花头形中心装饰的左右设计有三次翻转的唐草纹,并在外区环刻有圈线。如果注意观察的话,就会发现面对瓦当时左侧第二单位唐草纹的支叶呈逆向。这个纹样本来应该像主叶那样朝上卷起,但却向下卷起。因为平城宫的瓦当有几个非常相似的纹样,所以很可能是

与东大寺的檐头筒瓦（上）带有完全相同纹样
的信浓国分寺的檐头筒瓦（下）
从平城宫和法华寺也出土了与信浓国分寺的
檐头筒瓦几乎相同纹样的檐头板瓦

平城宫（上）与骏河国分寺（下）的檐头瓦

在画底稿时一时大意画错了,然后在雕刻瓦当范时也没有觉察到这一点而形成的。

只要观察一下与此相像的骏河国分寺的檐头板瓦,就会发现仿造错的逆向唐草纹支叶位于面对瓦当时的右侧第二单位。如果仿造平城宫的这种檐头板瓦纹样来制作瓦当范的话,纹样应该呈左右反转结构。这种现象可以说是反映了技术传播的一种情况,也就是说在骏河国兴建国分寺之际,在很多方面都得到了技术援助。

言归正传,骏河国分寺与平城宫的关联得以确认,也就说明骏河国的国分寺兴建工程起步非常晚。正因为这种缘由,中央政府才对它给予了帮助。在此做一下推测的话,曾经出任骏河国的国守护之中应该有阿倍朝臣子岛。他于天平宝字七年(763年)升职到正四位下,是一位高官。这位阿倍子岛于天平胜宝五年(753年)四月被任命为骏河守,很可能是在这个时期将兴建国分寺所需技术等带到了骏河国。因为天平十九年(747年)十一月发布了兴建国分寺的诏书,根据此诏阿倍子岛与石川朝臣年足、布势朝臣宅主分别到各地检验各寺院的兴建地点,并观察工程的进展情况。由于当时骏河国分寺的兴建工程进展缓慢,几年不见成效,所以改派阿倍子岛担任国守护。由此可以推断,赴任的阿倍带去了很多营建技术,并反映在了檐头板瓦的纹样上。

如上所述,正因为有了中央政府的技术援助,以及在此基础上的技术提高,使得骏河国在下一个阶段追赶上了其他地区的发展。这种情况通过瓦当纹样也可以推测出来。比较一下骏河国分寺出土的檐头板瓦,就可以发现随着不同阶段纹样发生变化的情况。这种情况不只局限于骏河国分寺,在兴建寺院之际,只靠一个瓦当范是无法满足檐头板瓦的需求量的,所以理所当然地就需要

显示骏河国分寺纹样变化的近邻各国分寺的檐头板
瓦 1、2骏河 3飞驒 4三河 5越中 6尾张

制作瓦当范。在制作瓦当范时，发现了前面叙述的唐草纹样左右不对称的情况。于是想将其改变为左右第二单位的支叶向同一方向卷起的纹样，结果在制作过程中，一时疏忽反而弄错了。不仅如此，在制作瓦当范时，又把中心装饰的上下倒置了。这一现象说明，设计时并没有理解唐草纹样本来的意义。虽然通过观察骏河国分寺的檐头板瓦很难明确具体的时间差，但是多少还是可以了解瓦当范制作的顺序。

如果观察骏河周边各属国的国分寺所用檐头板瓦纹样的话，就会发现三河、尾张、飞驒、越中等国的均整唐草纹檐头板瓦的中心装饰纹样都是上下倒置的。很难认为各属国偶然出现同样纹样的巧合，实际情况很可能是在骏河制作出此种纹样的檐头板瓦后，曾经在骏河习得技术的各种工匠被派往以三河为代表的其他属国的结果，这一结果体现在了瓦当纹样上。派遣技术工匠的形式可能有以下几种，或是同时向这些属国派遣，或是按先后顺序派遣，也可能由各国向骏河派遣工匠学习技术，关于这一点尚无法确定。

在中央政府向地方传播技术之际，并不是直接把技术传到国守护处，而是传给当地的豪族，再由他们来为当地的国分寺兴建提供帮助，这一点也可以从瓦制品上体现出来。这一情况在备中国和备前国中比较常见。在各地的国分寺，发现了很多檐头瓦，这些檐头瓦与在骏河国分寺部分介绍过的平城宫第二次朝堂院所用檐头板瓦的瓦当纹样极其相似。这种情况在备中地区尤其普遍，从国分二寺以外的13座寺庙遗迹中也出土了此种纹样的檐头瓦。其中，还有出土了国分二寺同范品的寺院遗址。这一情况说明备中国内的各豪族与国分寺的兴建工程关系密切，这同时也是天平十九年十一月发布的诏书的具体体现。

参考文献

［ 1 ］ 天沼俊一《家藏瓦图录》1918年（田中平安堂）

［ 2 ］ 天沼俊一《续家藏瓦图录》1926年（田中平安堂）

［ 3 ］ 安藤文良《古瓦百选——赞岐的古瓦》1974年（美巧社）

［ 4 ］ 井内古文化研究室《东播磨古代瓦聚成》1990年（真阳社）

［ 5 ］ 石田茂作《古瓦图鉴》1930年（大冢巧艺社）

［ 6 ］ 石田茂作《伽蓝论考》1948年（养德社）

［ 7 ］ 石田茂作、原田良雄《内藤政恒先生蒐集　东北古瓦图录》1974年
（雄山阁出版）

［ 8 ］ 井上新太郎《本瓦葺的技术》1974年（彰国社）

［ 9 ］ 稻垣晋也 "古代的瓦"（《日本的美术》66, 1971年, 至文堂）

［10］ 茨城县立历史馆《茨城县的古代瓦研究》1994年

［11］ 岩井孝次《古瓦集英》1937年（岩井珍品屋）

［12］ 上原真人 "莲花纹"（《日本的美术》359, 1996年, 至文堂）

［13］ 上原真人 "读瓦"（《历史发掘》11, 1997年, 讲谈社）

［14］ 大川清 "武藏国分寺古瓦：文字考"（《早稻田大学考古学研究室报
告》5, 1958年）

［15］ 大川清《瓦之美》1966年（社会思想社）

［16］ 大川清《日本的古代瓦窑》1972年（雄山阁出版）

［17］ 大胁洁 "鸱尾"（《日本的美术》392, 1999年, 至文堂）

[18] 小笠原好彦等《近江的古代寺院》1989年（真阳社）

[19] 冈本东三《东国的古代寺院与瓦》1996年（吉川弘文馆）

[20] 小谷城乡土馆《和泉古瓦谱》1997年（冈村设计馆）

[21] 加藤龟太郎《甍的梦——某瓦匠的技术与思想》1991年（建筑资料研究社）

[22] 木村捷三郎《造瓦与考古学》1976年（真阳社）

[23] 木村捷三郎、广田长三郎《古瓦图考》1989年（密涅瓦书房）

[24] 九州历史资料馆《九州古瓦图录》1981年（柏书房）

[25] 京都国立博物馆《瓦和砖图录》1974年（便利堂）

[26] 京都国立博物馆《古瓦图录》1975年（便利堂）

[27] 京都国立博物馆《畿内与东国的瓦》1990年（真阳社）

[28] 京都市埋藏文化遗产研究所《木村捷三郎收集瓦图录》1996年（中西印刷株式会社）

[29] 京都府瓦技能士会《甍 京·瓦·美》1987年（日本写真印刷株式会社）

[30] 京都府教育委员会《恭仁宫遗迹发掘调查报告 瓦篇》1984年（中西印刷株式会社）

[31] 小林章男《鬼瓦》1981年（大藏经济出版）

[32] 小林章男《续 鬼瓦》1991年（共同精版印刷株式会社）

[33] 小林平一《为瓦而生——鬼瓦师小林平一的世界》1999年（春秋社）

[34] 小林行雄"屋瓦"（《续 古代的技术》1964年,墙书房）

[35] 近藤乔一《瓦所展现的平安京》1985年（教育社）

[36] 四天王寺《四天王寺图录 古瓦篇》1936年（似王堂）

[37] 四天王寺文化遗产管理室《四天王寺古瓦聚成》1986年（柏书房）

[38] 岛田贞彦《造瓦》1935年（冈书院）

[39] 铃木敏雄《三重县古瓦图录》1933年（乐山文库）

[40] 住田正一《国分寺古瓦拓本集》1934年（不二书房）

[41] 前场幸治《追随古瓦　相模国分寺　千代台废寺考》1980年（诚之印刷株式会社）

[42] 田熊信之、天野茂《宇野信四郎蒐集　古瓦集成》1994年（东京堂出版）

[43] 田泽金吾"古瓦（奈良时代）"（《日本考古图录大成》16,1933年,日东书院）

[44] 玉井伊三郎《吉备古瓦图谱》1929年（山阳新报社）

[45] 玉井伊三郎《吉备古瓦图谱》2,1941年（合同新闻社印刷所）

[46] 坪井利弘《日本的瓦房顶》1976年（理工学社）

[47] 坪井利弘《图鉴　瓦房顶》1977年（理工学社）

[48] 坪井利弘《古建筑的房顶——传统美与技术》1981年（理工学社）

[49] 帝冢山考古学研究所《思考古代的瓦——年代、生产、流通》1986年

[50] 帝冢山大学考古学研究所《同研究所研究报告》Ⅰ,1998年

[51] 帝冢山大学考古学研究所《同研究所研究报告》Ⅱ,2000年

[52] 东京考古学会《佛教考古学论丛》1941年（桑名文星堂）

[53] 奈良县《法隆寺出土古瓦的研究》1926年（便利堂印刷所）

[54] 奈良国立博物馆《飞鸟白凤的古瓦》1970年（东京美术）

[55] 奈良国立文化遗产研究所"研究论集"Ⅸ（《同研究所学报》49）1991年

[56] 奈良国立文化遗产研究所飞鸟资料馆《日本古代的鸱尾》1980年（关西照相制版）

[57] 奈良县立橿原考古学研究所附属博物馆《大和考古资料目录　21藤原宫遗迹出土的檐头瓦》1998年

[58] 奈良县立橿原考古学研究所附属博物馆《大和考古资料目录23　飞鸟、奈良时代寺院出土的檐头瓦》1998年

[59] 广濑正照《肥后古代的寺院与瓦》1984年（克罗尼印刷）

[60] 平安博物馆《平安京古瓦图录》1980年（雄山阁出版）

[61] 法隆寺《法隆寺的瓦》1978年（共同精版印刷株式会社）

[62] 法隆寺昭和资财账编辑委员会《法隆寺的至宝　15　瓦》1991年
（小学馆）

[63] 星野猷二《盐泽家藏瓦图录》2000年（真阳社）

[64] 三重县的古瓦刊行会《三重县的古瓦》1996年（光出版印刷株式会社）

[65] 向日市教育委员会《长冈京古瓦聚成》1987年（真阳社）

[66] 森郁夫《瓦与古代寺院》1983年（六兴出版，后改为临川书店）

[67] 森郁夫《瓦》1986年（新科学社）

[68] 森郁夫《日本的古代瓦》1991年（雄山阁出版）

[69] 森郁夫《续　瓦与古代寺院》1991年（六兴出版，后改为临川书店）

[70] 森郁夫《东大寺的瓦匠》1994年（临川书店）

[71] 保井芳太郎《大和古瓦图录》1928年（鹿鸣庄）

[72] 保井芳太郎《南都七大寺古瓦纹样集》1928年（鹿鸣庄）

[73] 山本忠尚 "唐草纹"（《日本的美术》358，1996年，至文堂）

[74] 山本忠尚 "鬼瓦"（《日本的美术》391，1998年，至文堂）

[75] 山本半藏《佐渡国分寺古瓦拓本集》1978年（新潟日报事业社）

[76] 早稻田大学考古学会 "特集　古代的同范·同系檐头瓦的展开"
（《古代》97，1994年）

【讲座文献】

[1] 稻垣晋也 "瓦砖"（《新版佛教考古学讲座》2，寺院，1975年，雄山阁
出版）

[2] 上原真人 "瓦的叙述"（《岩波讲座　日本通史》3，古代2，1994年，
岩波书店）

[3] 大川清 "瓦砖"（《新版考古学讲座》7，1970年，雄山阁出版）

[4] 冈本东三 "屋瓦与其技法"(《学习日本历史考古学》下,1986年,有斐阁)

[5] 近藤乔一 "瓦的生产与流通"(《讲座·日本技术的社会史》4,窑业,1984年,日本评论社)

[6] 关野贞 "瓦"(《考古学讲座》5、6,1928年,雄山阁)

[7] 坪井清足 "瓦"(《世界建筑全集》1,日本1,1961年,平凡社)

[8] 藤泽一夫 "日朝古代屋瓦的系谱"(《世界美术全集》2,日本2,1961年,角川书店)

[9] 藤泽一夫 "屋瓦的变迁"(《世界考古学大系》4,日本Ⅳ,1961年,平凡社)

[10] 藤泽一夫 "造瓦技术的进展"(《日本的考古学》Ⅵ,历史时代,1967年,河出书房)

[11] 森郁夫 "瓦"(《日本的建筑》1,古代1,1977年,第一法规)

后　记

　　由法政大学出版局长期持续出版发行的这套
"万物简史译丛"系列丛书，对于处理"物"的人来
说，可以说是意欲描述它与"人"的关系的一套书，
我也是其中的一员。一般情况下，这种系列丛书都
是早早就确定好作者，并且现在正处于编写过程中。
记得大约是在平成八年，当完成了这个系列的《绘
马》和《曲物》的帝冢山大学岩井宏贯先生（现校
长）到访东京之际，我烦请他向当时的总编稻义人先
生询问是否有关于"瓦"的计划时，总编答复说尚无
人选，如果愿意的话可以由我执笔编写。

　　也就是说，这本书是我毛遂自荐编写的。所以，
虽然立刻投入到了编写当中，可是实际开始编写以
后，才发现竟有那么多不懂、不了解的东西。本来是
打算从现在的房顶瓦开始写的，结果刚写了一点点，
就停滞不前了。所幸我住在奈良市内，天赐拥有可
以直接观察古寺房顶的机会。已经不记得开始编写
此书后，曾经几次往来于西大寺、兴福寺，以及东大
寺之间，每次踏足这些宝地都会有很多新的发现。
换言之，在此之前，自己从来没有如此认真地眺望过

房顶。

因为在关西只能看到下甍，所以为了到关东去了解上甍，还曾与帝冢大学的研究生们一起到访过栃木县和群马县。以前承蒙国士馆大学须田先生的关照，数次应邀参加过下野药师寺的发掘调查。所以当时应该无数次见过位于下野药师寺遗址上的、现在的安国寺的佛殿。但是，当我为了寻找上甍，与研究生们一起再次探访下野药师寺之际，才发现安国寺的佛殿就是上甍。这一发现实在令我震撼，不得不深刻反省自己之前究竟都观察了什么。后来，从学生处得知四国地区也有上甍，为此还与他们驾车一同前往四国考证。

虽然也曾想过，最起码房顶部分的照片应该由自己来拍摄，但是由于本人摄影技术欠佳，所以只好使尽浑身解数分阶段、分步骤地拍摄了目标建筑。出于这种原因，有些照片就只好拜托摄影技巧高超的学生代劳了。

瓦的制作技术传入日本已经有1 400年的历史，在这期间，制瓦技术经历了几个关键时期后，逐渐得以发展。当今这种瓦葺房顶，俨然已经成为日本式风景。只要仔细观察，就会发现这种技术的变化和提升不仅局限于古代的瓦，在中世、近世的瓦中也可以发现。正如在本书"序言"部分所叙述的那样，并没有太多提及制作技术方面，确切地说是我根本无法介绍得更详尽。通过发掘调查出土了庞大数目的瓦，而且经过极其详尽的调查和研究，不断取得了可喜的成果。关于瓦的制作技术，正处在超高水准的研究阶段，目前还无法掌握这些研究成果。尽管如此，还是有必要归纳整理一下其制作技法，衷心期待着将来在准备充足的情况下完成这一课业。

关于这个领域的研究进展情况，已经有大量相关的文献。在本书的末尾处，将关于瓦的单行本与讲座类资料归纳进了"参考文献"中，把论文类资料统一归纳到了注释部分。此外，有关在各地博物馆、资料馆中进行的"瓦展"图录类，可以通过其后发行的大型图录了解，所以在此就割爱不再赘述了。除此之外，还从很多朋友处借阅过照片，请恕不一一列举大名，在此一并表示由衷的谢意。

值此截稿之际，受到了各方的大力关照和帮助，尤其受到了负责编辑本书的法政大学出版局的松永辰郎先生的关照。由于拖延交稿时间、照片不足等情况，实在添了不少麻烦。托先生的福，本书终于得以出版发行，再次向您表示感谢。

森郁夫

译后记

光阴似箭、岁月如梭，忙忙碌碌中送走了2013年。回顾过去一年的时光，足可以用"繁忙"二字归纳。

还记得在13年的春日里，当时还在上海师范大学任教的王升远老师说，上海交通大学出版社准备与日本法政大学出版局合作，翻译出版一套系列丛书《万物简史译丛》，问我是否感兴趣。虽然从事日语教育工作已经二十余年，其间也编译和编写过教材与教辅类书籍，但是学术著作类的翻译还没有尝试过。所以怀着一种想挑战自己的心情，答应了参与翻译工作并等待分配具体任务。

当实际拿到《瓦》这本原著后，不禁为自己当初的草率决定后悔。因为对于书中涉及的内容，自己完全是一个门外汉。别说是有关日本的瓦，就连中国的瓦知识，自己也很匮乏，这种情况下如何保证能翻译好原著呢。不过既然已经答应也不好反悔，所以怀着惴惴不安的心情开始了翻译工作。为了能够尽量准确地翻译书中的专业术语和古典文献，真可谓是动用了能够动用的所有资源。动员学生协助查找相关专业资料、麻烦朋友帮忙搜集古代建筑图片、劳烦研究古典日语的同事翻译书中的古典文献等。虽然颇为艰难，在兼顾教学工作的同时，还是将翻译工作一步步地坚持了下来。

不可思议的是，一开始对于瓦毫无了解、也毫无兴趣的自己，竟然在翻译过程中逐渐对瓦以及书中涉及的瓦的历史背景产生了兴趣。通过翻译这本书，不仅了解了瓦的历史发展，还多少了解了瓦的种类、制作方法，以及技术传播形式等。对书中介绍的各种瓦的纹样，尤其产生了浓厚的兴趣，眼前时不时会浮现自己在游历各地时曾见过的中国、日本、韩国的传统建筑的样子。没想到当时只是作为一道景观观赏的这些建筑与房瓦之间，竟然还有着如此深厚的渊源，实实在在地为自己补上了一次历史课，可谓一举两得之事。

即将面世的这本初作究竟如何，还有待广大读者的中肯评说。值此完稿之际，向在翻译过程中给予各种帮助的各位表示衷心的谢意。感谢王升远老师的信任与提供机会，感谢池睿老师提供的古文帮助，感谢谢金洋老师的细心校阅，感谢我的同学、学生以及家人的大力支持和协助。最后向为我提供了很多参考意见的上海交通大学出版社的赵斌玮编辑表示感谢。没有各位的热心帮忙，想必这本书也不会如此顺利地完稿。在此，真诚地向各位道一声谢谢！

2014年元月于长春